大数据技术丛书

Practical Data Analysis, Second Edition

实用数据分析

（原书第2版）

［美］　赫克托·奎斯塔（Hector Cuesta）
　　　　桑帕斯·库马尔（Dr. Sampath Kumar）　著

刁晓纯　译

U0226032

机械工业出版社
China Machine Press

图书在版编目（CIP）数据

实用数据分析（原书第2版）/（美）赫克托·奎斯塔（Hector Cuesta），（美）桑帕斯·库马尔（Dr. Sampath Kumar）著；刁晓纯译 . —北京：机械工业出版社，2017.8
（大数据技术丛书）
书名原文：Practical Data Analysis, Second Edition

ISBN 978-7-111-57921-2

I. 实… II.① 赫 … ② 桑… ③ 刁… III. 统计数据－统计分析 IV. O212.1

中国版本图书馆 CIP 数据核字（2017）第 216292 号

本书版权登记号：图字：01-2017-0487

Hector Cuesta, Dr. Sampath Kumar: *Practical Data Analysis, Second Edition* (ISBN: 978-1-78528-971-2）.

Copyright © 2016 Packt Publishing. First published in the English language under the title "Practical Data Analysis, Second Edition".

All rights reserved.

Chinese simplified language edition published by China Machine Press.

Copyright © 2017 by China Machine Press.

本书中文简体字版由 Packt Publishing 授权机械工业出版社独家出版。未经出版者书面许可，不得以任何方式复制或抄袭本书内容。

实用数据分析（原书第 2 版）

出版发行：机械工业出版社（北京市西城区百万庄大街 22 号　邮政编码：100037）
责任编辑：陈佳媛　　　　　　　　　　　　　　责任校对：李秋荣
印　　刷：北京诚信伟业印刷有限公司　　　　版　　次：2017 年 9 月第 1 版第 1 次印刷
开　　本：186mm×240mm　1/16　　　　　　印　　张：15.5
书　　号：ISBN 978-7-111-57921-2　　　　　定　　价：59.00 元

凡购本书，如有缺页、倒页、脱页，由本社发行部调换
客服热线：（010）88379426　88361066　　　　投稿热线：（010）88379604
购书热线：（010）68326294　88379649　68995259　　读者信箱：hzit@hzbook.com

版权所有·侵权必究
封底无防伪标均为盗版
本书法律顾问：北京大成律师事务所　韩光 / 邹晓东

　　早在 2013 年 7 月，因为参加了"数据驱动企业分析变革商业"2013 第三届大数据世界论坛，认识了机械工业出版社的编辑王春华。当时从事数据方面的工作已经 3 年多，身处国内大型央企，我所涉及的数据分析工作非常广泛，既跨越了银行保险、公共服务、电子商务及速递物流等行业，也包含了对客户、渠道、价格、实物网效率、经营业绩等多方面的分析。在当时的工作中遇到了很多问题，既有组织方面的，也有方法效率方面的，王编辑推荐我阅读本书第 1 版原著，并且我也有幸参予翻译了部分章节。令人惊喜的是，书中所介绍的广泛案例、先进的方法以及诸多便利的工具都对数据分析工作有很多帮助和值得借鉴的地方。

　　针对本书，我的主要体会有三方面：

　　第一，本书包含丰富的案例。书中介绍的案例涉及垃圾邮件的分类分析、图像匹配、流行病暴发事件分析、社交网络的数据获取和分析、对文本型数据进行情感分析、股票价格以及黄金价格走势分析等。

　　第二，本书所涉内容包含了数据分析的全流程，包括了数据准备和处理、多类型建模、数据可视化展示等。初次接触数据分析的读者可以由浅入深地了解分析的全貌。

　　第三，本书充分体现了大数据的特点，既介绍了对结构化数据的处理也介绍了对非结构化数据的处理，数据类型丰富。书中所涉数据包括时间序列数据、数值型数据、多维度数据和社交媒体数据、文本型数据等多种形式，可以帮助读者获得对数据分析的真知灼见。

　　时隔几年，机械工业出版社联系上我，询问我是否愿意翻译本书第 2 版，我二话不说接下了这个任务，这几年随着数据工作方面的积累，对于本书，除了有更深的体会，也重新回顾、整理了当年翻译的内容。随着"大数据"技术的发展，本书最后一章也新增了对 Cloudera VM 和 Apache Spark 的介绍，使读者了解其在大数据领域的地位，并掌握一些常见的方法和操作。这又是一次温故而知新的历程。

　　书中部分内容是按照原文直译的，难免有不完整或者偏颇的地方，请读者批评指正，也欢迎广大读者与我交流沟通，我的邮箱是 jacqueline_dut@hotmail.com。

刁晓纯

2017 年 6 月

作者简介 *About the Author*

Hector Cuesta　Dataxios（一家机器智能研发公司）的创办人及首席数据科学家，拥有信息学士及计算机科学硕士学位。他在金融、零售、金融科技、在线学习、人力资源等领域提供数据驱动产品设计的咨询服务。在空闲时间，他热衷于研究机器人。可以关注他的推特：https://twitter.com/hmCuesta。

本书献给我的妻子 Yolanda 和我可爱的孩子 Damian 和 Issac，他们为我的生活带来了无比的快乐。同时把本书献给我的父母 Elena 和 Miguel，感谢他们对我的支持和爱护。

Dr. Sampath Kumar　Telangana 大学应用统计系的助理教授和系主任，他拥有理学硕士、哲学硕士和统计学博士学位，拥有 5 年研究生教学经验，有超过 4 年的工作经验。他是 SAS 和 MATLAB 软件高级程序员，专长是利用 SPSS、SAS、R、Minitab、MATLAB 等软件进行数据统计。他在不同的应用学科和纯统计专业（如预测建模、应用回归分析、多变量数据分析、运营管理等）方面具有教学经验。

About the Reviewers 审校者简介

Chandana N. Athauda 目前是 BAG（Brunei Accenture Group）的员工，他在 Brunei 是一名技术顾问。他主要关注商务智能、大数据和数据可视化工具技术。他已经在 IT 行业从业超过 15 年（曾获前微软最有价值员工和微软 TFS 管理员）。他对 IT 行业充满了工作热情，他的工作职业从程序员贯穿到技术顾问。

如果有兴趣与 Chandana 讨论本书，请发送邮件到 info@inzeek.net 或是上推特 @inzeek。

Mark Kerzner 大数据架构师及培训师。他是 Elephant Scale 的创始人及负责人，这家企业为不同领域提供大数据的顾问咨询及培训。同时他也是《HBase Design Patterns》一书的作者。

我要感谢我的联合创始人 Sujee Maniyam 和他的同事 Tim Fox，还要感谢所有的老师及学生。最后同样重要的是，感谢家人对我的帮助。

前　言 *Preface*

本书提供了一系列将数据转化为重要结论的现实案例。书中覆盖了广泛的数据分析工具和算法，用于进行分类分析、聚类分析、数据可视化、数据模拟以及预测。本书旨在帮助读者了解数据从而找到相应的模式、趋势、相互关系以及重要结论。

书中所包括的实用项目充分利用了 MongoDB、D3.js 和 Python 语言，并采用代码片段和详细描述的方式呈现本书的核心概念。

本书主要内容

第 1 章探讨数据分析的基本原理和数据分析步骤。

第 2 章解释如何清洗并准备好数据来开展分析，同时介绍数据清洗工具 OpenRefine 的使用方法。

第 3 章展示在 JavaScript 可视化框架下应用 D3.js 语言来实现各类数据的可视化方法。

第 4 章介绍应用朴素贝叶斯（Naive Bayes）算法来区分垃圾文本的一种二元分类法。

第 5 章展示一个应用动态时间规整方法来寻找图像间相似性的项目。

第 6 章解释如何使用随机漫步算法和可视化的 D3.js 动画技术来模拟股票价格。

第 7 章介绍核岭回归（Kernel Ridge Regression，KRR）的原理以及如何使用此方法和时间序列数据来预测黄金价格。

第 8 章描述如何使用支持向量机的方法进行分类分析。

第 9 章介绍对流行病进行模拟计算的基本概念并解释如何应用细胞自动机方法、D3.js 和 JavaScript 语言来模拟流行病爆发。

第 10 章解释如何应用 Gephi 从 Facebook 获取社交媒体图谱并使之实现可视化。

第 11 章解释如何应用 Twitter 的应用程序编程接口（API）来获取 Twitter 的数据。读者也将看到如何改进文本分类分析方法并将其应用于情感分析。这一过程在自然语言工具包（Natural Language Toolkit，NLTK）中应用了朴素贝叶斯算法。

第 12 章介绍在 MongoDB 数据库中进行基本操作以及分组、过滤和聚合的方法。

第 13 章详细介绍如何在 MongoDB 数据库中应用 MapReduce 编程模型。

第 14 章解释如何使用 Wakari 平台，同时介绍在 IPython 中运用 pandas 进行数据处理和使用 PIL 图像处理库的方法。

第 15 章介绍如何在 Cloudera VM 上使用分布式文件系统及数据环境。最后，利用实际案例介绍 Apache Spark 的主要特征。

阅读准备

使用本书需要掌握如下技术：

❑ Python
❑ OpenRefine
❑ D3.js
❑ mlpy
❑ NLTK
❑ Gephi
❑ MongoDB

读者对象

本书主要面向那些希望能够实际开展数据分析和数据可视化的软件开发人员、分析人员、计算机科学家。同时，本书也希望能够为读者提供包含时间序列数据、数值型数据、多维度数据和社交媒体数据、文本型数据等多种数据形式的实际案例，以帮助读者获得对数据分析的真知灼见。

读者不需要具备数据分析的经验，但仍需要对统计学和 Python 编程有基础性的了解。

下载本书相关资源

读者可登录华章网站（http://www.hzbook.com）下载本书的相关资源。

目 录 *Contents*

开　　始

数据分析是将原始数据进行排序和组织的过程，是用于帮助解释过去和预测未来的一系列方法。数据分析不只针对数字，而是关于如何设定或提出问题，演化解释，以及验证假设的过程。数据分析（Data Analysis）横跨了计算机科学、人工智能和机器学习、统计学和数学以及专业领域知识等多个领域，如下图所示。

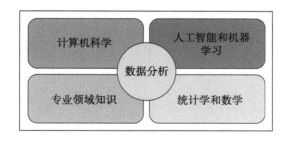

这些技能都是很重要的，为了更好地了解问题及优化的解答，让我们来定义这些领域。

1.1　计算机科学

计算机科学为数据分析提供了工具。大规模数据的产生使计算机分析变得至关重要，对编程、数据库管理、网络管理和高性能计算的需求也逐步增多。有基本的 Python（或其他任何一种高级编程语言）编程经验对于理解本章的内容也是必不可少的。

1.2 人工智能

根据 Stuart Russell 和 Peter Norvig 二人的定义：

"人工智能（AI）一定与聪明的程序有关，那么让我们开始着手去编写这样的聪明程序吧。"

换句话说，人工智能研究那些可以模拟智能行为的算法。在数据分析中，我们应用人工智能来实施那些需要推理、相似性搜索或者无监督分类的智能活动。像是深度学习的领域就会依赖人工智能演算法，现在正使用的场景有聊天机器人、推荐引擎、图像分类，等等。

1.3 机器学习

机器学习（Machine Learning，ML）是对计算机的算法进行研究，从而使机器学会如何在特定情况或既定模式下进行反应。根据 Arther Samuel（1959）的定义：

"机器学习的研究领域是指在没有明确编程的情况下，赋予计算机进行学习的能力。"

机器学习所对应的一系列算法，根据该算法的训练过程，大致可以划分为三组：

❑ 有监督学习（supervised learning）
❑ 无监督学习（unsupervised learning）
❑ 强化学习（reinforcement learning）

这些算法贯穿本书，且伴随一些实际例子，引导读者了解从初始数据问题到编程化解决方案的全过程。

1.4 统计学

2009 年 1 月，Google 首席经济师 Hal Varian 说：

"我坚信未来十年最热门的职业将会是统计学家。人们以为我在开玩笑，但是谁会猜到在 20 世纪 90 年代计算机工程师曾是最热门的职业呢？"

统计学是对获取、分析和解读数据的方法加以发展和应用。数据分析包括了一系列统计学的技巧，例如：模拟、贝叶斯方法、预测、回归、线性分析及分类等。

1.5 数学

数据分析利用诸多种数学技术，如线性代数（向量和矩阵、因式分解以及特征值）、数值法和条件概率算法等。在本书中，每一章都是独立的并包含必要的数学知识。

1.6 专业领域知识

数据分析过程中最重要的活动之一就是提出问题,那么全面掌握专业领域知识能够使你具备专业能力与见识来提出问题。数据分析几乎可以在每个领域加以应用,例如财务、行政管理、商务、社交媒体、政府以及科学领域。

1.7 数据、信息和知识

数据是世界的真相。数据呈现一件事情的事实或是陈述,但是并无相关连性。数据的来源很多,例如网页、传感器、装置、声音信号、录像、网络、记录文件、社交媒体、事务性应用程序等。多数的数据都是实时且大量的,通常产出的是文字或是数字(简讯、数字及符号),也可以包含图像及声音。数据也包含未处理数据和数字,数据直到被妥善地处理前都是没有意义的。例如,财务交易记录、年龄、温度、从家到办公室所走的步数都是简单的数字。在我们处理这些数字后,信息才会呈现出来,然后才具有价值和意义。

信息可以视为数据的聚集。信息通常有意义和目的。信息可以让我们较简单地做出决策。在数据处理之后,为了能有合适的意义,我们会在特定背景下得到信息。在计算机术语里,关系数据库从存储在其中的数据中进行信息整合。

知识是有意义的信息。当人的经验及见识应用在数据及信息时,知识才会产生。当数据及信息形成一套规则来辅助决策时,我们才能说是知识。事实上,我们无法存储知识。因为知识必然包含了对事物的理论及实际应用。知识的终极目的是价值的创造。

1.7.1 数据、信息和知识之间的相互性

我们观察数据、信息、知识之间的关系就像是周期性行为。下图展示了它们之间的关系。这个图可以显示数据转换成信息,反之亦然,也可以展示信息转换成知识。如果我们基于背景及目的来应用有价值的信息,其会反映成知识。同时,处理及分析数据也能带来信息。当我们看到数据转换成信息、信息转换成知识时,我们应该专注于背景及目的,还有相关的任务。

现在,我用一个生活中的范例来解释这些关系。

有一个学生正在进行一个项目。主要目的是找出顾客对于产品的满意度与产品降价之间的关系。这是一个真实的案例,学生主要的目的是顾客满意,数据由问卷调查获得,最终的报告也已经准备好。基于最终的报告,产品的制造商决定降价。让我们看下列说明:

❑ **数据**:由调查收集而来。
  ○ 例如:多少顾客购买该产品、满意程度、竞争者信息等。
❑ **信息**:项目报告。
  ○ 例如:基于竞争者的产品,得到价格与顾客的满意度的关系。

❑ **知识**：制造商学习如何改善顾客满意度以及提升产品的销量。

　　○ **例如**：产品的制造成本、运输成本及产品的品质等。

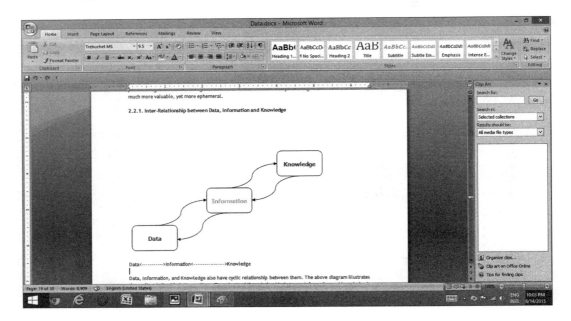

最后，我们可以说数据－信息－知识这三个层次是很好的概念。然而利用预测分析，我们可以模拟智能行为并提供一个很好的近似值。下图说明了由数据转换到知识的过程。

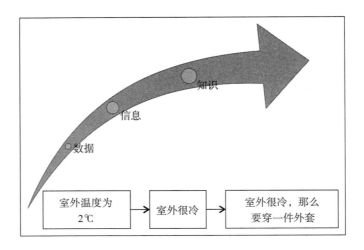

1.7.2　数据的本质

数据由多个数字组成，因此数据总是被当作复数进行处理。我们可以在周围世界的所有情景下找到数据，它们可能是结构化的或者非结构化的，连续的或者离散的，可能表现为温度记录、股票交易日志、照片相册、音乐播放记录或者在我们的 Twitter 账户里。事实上，数据可能被看作记录任何人类行为的原始材料。根据《牛津英语字典》（Qxford English Dictionary）的定义：

数据是已知的用于进行推理或估算的基础性事实或事情。

如下图所示，我们可以看到**数据**表现出的两种截然不同的方式：**分类型**和**数值型**。

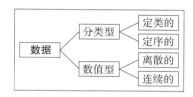

分类型数据　是可以进行分组或者分类的数值或者观测值。在分类型数据中存在着定类和定序两种类型。一个名义变量与它所在的分类之间没有本质上的顺序之分。例如，住房类型是一个名义变量，拥有自有和租赁两种分类。一个定序变量存在明确的顺序。例如，年龄作为一个变量可以划分为青年、成年和老年三类，它有着高低顺序的分类。

数值型数据　数值型数据是可以用来计算的数值或者观测值，数值型数据包括离散型和连续型两类。离散型数据是指可以进行计算的、有差别的且相互分开的数值或者观测值。例如，一组数字编码。连续型数据是指在有限或无限的区间范围内都可以找出一个数值或观测值。例如，黄金的历史价格。

本书中所采用的数据集主要包括以下几类：

- ❑ E-mail（非结构化和离散的）
- ❑ 数字影像（非结构化和离散的）
- ❑ 股票市场记录（结构化和连续的）
- ❑ 黄金历史价格（结构化和连续的）
- ❑ 信贷审批记录（结构化和离散的）
- ❑ 社交媒体中的朋友和关系（非结构化和离散的）
- ❑ 推文（tweet）及热门话题（非结构化和连续的）
- ❑ 销售记录（结构化和连续的）

在本书中所涉及的每个项目中，我们都尝试使用不同类型的数据，也就是说本书尽可能地为读者提升解决不同类型数据难题的能力。

1.8　数据分析过程

当你能够深刻理解某一现象的时候，才有可能对它进行预测。通过对以往数据的探索以及对未来情况的建模，数据分析帮助我们创造可预测的模型。

数据分析的过程包括以下几个步骤：

- ❑ 问题陈述
- ❑ 获取数据
- ❑ 清洗数据
- ❑ 数据标准化
- ❑ 数据转化
- ❑ 探索性统计
- ❑ 探索性可视化
- ❑ 预测建模
- ❑ 模型验证
- ❑ 成果的可视化和解读
- ❑ 方案部署

这些具体活动组合在一起，如下图所示：

1.8.1 问题

对问题定义从提出高层次的业务领域问题开始，例如：如何跟踪两组用户行为之间的差别，或者未来一个月的黄金价格将会如何变化。明确不同专业背景目标和需求是一个成功数据分析项目的关键所在。

数据分析问题的种类如下：

- ❑ 推理性问题
- ❑ 预测性问题
- ❑ 描述性问题
- ❑ 探索性问题
- ❑ 因果问题
- ❑ 相关性问题

1.8.2 数据准备

数据准备是关于如何获得数据、清洗数据、数据标准化并实现将数据转化为最优数据集的过程，其目的在于避免任何可能的数据质量问题，如无效数据、数据分歧、超过范围的数据、缺失数据。这个过程将花费大量的时间。在第 11 章中，我们将更加详细地介绍如何处理数据，如何利用 OpenRefine 工具进行数据的处理来解决这个复杂难题。没有仔细地做好数据准备工作将导致严重错误的分析结果。

好的数据将具备如下特征：

- ❏ 完整性
- ❏ 一致性
- ❏ 无歧义
- ❏ 可计量
- ❏ 正确性
- ❏ 标准化
- ❏ 无冗余

1.8.3　数据探索

数据探索本质上来说是采用图形或者统计的形式来考查数据，其目的是找到数据中存在的模式、关联或者关系。可视化的方法能够提供数据概览，从而可能找到有意义的模式。在第 3 章中，我们将介绍数据可视化框架（D3.js），同时提供使用数据探索工具来实现数据可视化的一些案例。

1.8.4　预测建模

从一群数据中，我们必须利用相关算法来找出隐藏的模式及趋势。为获得隐藏模式中的未来行为，我们可以利用预测建模。预测建模是一种统计手法，通过分析现有信息及历史的数据来预测未来的行为。为了最好地预测隐藏的数据及信息，我们必须利用最合适的统计模型。

预测建模是一种数据分析的过程，用来创造或是选择一种统计模型，目的是更好地预测可能的输出。利用预测建模，我们能评估消费者的未来行为。为了达成这样的目的，我们需要有过往的消费者数据。举例来说，在零售行业，预测分析扮演带来利润的很重要的角色。零售商可以存储大量的历史数据。在利用数据发展不同的预测模式后，我们利用预测可以制作促销计划、优化销售渠道、优化店铺的面积及强化需求计划。

最初，建立预测模型需要专业的视角。在建立相关的预测模型后，我们可以利用它自动进行预测。我们审慎地选择预测变量的组合，预测模型可以输出可靠的预测。事实上，当数据量增加，我们可以得到更准确的预测结果。

在书中，我们将会使用众多的模型，可以将它们划分为三种类型，具体如下表所示。

模　　型	章　　节	算　　法
分类的结果（分类）	4	朴素贝叶斯分类法
	11	自然语言工具包 + 朴素贝叶斯分类法
数值型结果（回归）	6	随机游走
	8	支持向量机
	8	基于距离的方法 +K 最邻近值

（续）

模　　型	章　节	算　　法
数值型结果（回归）	9	细胞自动机
描述性建模（聚类）	5	快速动态时间规整（Fast Dynamic Time Warping，FDTW）+ 距离度量
	10	force 布局和 Fruchterman-Reingold 布局

在这个阶段还有一个重要的任务是对模型进行评估从而实现对特定问题的解答最优化。

模型的假设对于预测模型的品质很重要。较优的预测结果会有一种模型符合潜在的假设。然而，假设也有可能不符合经验值的数据，评估完全依赖于预测的有效性。证据的有效性通常被较强地认知。

正如 Wolpert 在 1966 年所提出的无免费午餐定理（No Free Lunch Theorem）中所指出的：

"无免费午餐定理表明学习演算法不可能是普适的。"

但是从数据中提取有价值的信息，表示预测模型应该是准确的。有非常多种测试可以判断这个预测模型是否准确，证明有价值的信息被正确表达。

对模型的评估有利于确保我们的分析结果既不过分优化也不过分拟合。在本书中，我们将介绍两类对模型进行验证的方法。

- ❑ **交叉验证**：我们将数据划分为样本量相等的子集，然后测试预测建模的结果进而评估出模型的实际表现。我们将执行交叉验证进而判断各模型的健壮性，同时评估多个模型的结果以确认最优模型。
- ❑ **保持样本**：在大多数情况下，大数据集将被随机地划分成三组数据子集，分别为：训练集、验证集和测试集。

1.8.5 结果可视化

接下来是分析过程中的最后一个环节。当我们呈现模型的输出时，可视化工具扮演了很重要的角色。可视化的结果在我们技术的架构中是很重要的一块。当数据资料库是我们架构的核心，各种可视化的技术及模式都可以被部署。

在一种说明型数据的数据分析过程中，简单的可视化技术可以帮助发现既有的模式，人的视力扮演了重要的角色。有时，为了找出视觉的模式，我们必须生成一个三维图。但是，为了得到视觉模式，除了三维图，我们也可以利用散点图矩阵。实际上，这个研究的假设、特征空间的维度、数据，在有效可视化的技术上都扮演着重要角色。

在本书中，我们会着重介绍单变量及多变量的图形模型。在 D3.js 中，利用各种可视化的工具如柱状图、饼图、散点图、线图、多重线图来呈现预测结果。我们将学习使用 Python 中的 matplotlib 工具进行独立绘图。

1.9　定量与定性数据分析

❑ **定量数据**（quantitative data）：采用数字方式所进行的数值度量。

❑ **定性数据**（qualitative data）：采用自然语言描述进行的分类度量。

如下图所示，我们可以清楚地看到定量分析和定性分析的差异。

定量分析包括对数值型数据的分析。这种类型的分析依赖于量化的水平。主要存在四种类型的量化：

❑ 数据没有逻辑顺序，只用来对数据进行分类。

❑ 数据存在逻辑顺序，不同值之间的差别不是连续的。

❑ 数据是连续的并存在逻辑顺序。不同数据值之间存在标准化的差异，但不包括零值。

❑ 数据是连续的，具有逻辑顺序，这一点同间距型是一致的，但是包含了零值。

定性分析可以探索社会现象的复杂性和意义。在定性研究中的数据包含了书面文字（例在定性研究中的数据包含了书面文字（例如，文件或者 E-mail）以及可收听的或可视的数据（例如，数字影像或音频）。在第 11 章中，我们以对 Twitter 数据的情感分析为例进行定性分析。

1.10　数据可视化的重要性

对数据可视化的目标是对数据中所暗含的新模式或关系进行揭露。可视化不仅要看起来漂亮而且富有内涵，进而帮助组织进行更好的决策。可视化是跳进复杂数据集（不论数据集是大还是小）来描述或者有效的探索数据的一种简单的方式。无论对于一个变量、两个变量或在一维、二维或是三维空间中的变量，我们都可以采用多种不同类型的数据可视化方法，例如柱状图、直方图、线图、饼图、热区图、文字云（具体如下图所示）等。

数据可视化是我们进行数据分析过程中的重要组成部分，这是因为它是一个通过可视化图形概括数据主要特点，并进行探索性数据分析的快速简便的方法。

探索性数据分析的目标如下：

❑ 发现数据错误。

❑ 检验假设。

❑ 找到潜在的模式（如趋势）。

- ❑ 适合模型的初步选择。
- ❑ 决定变量间的相互关系。

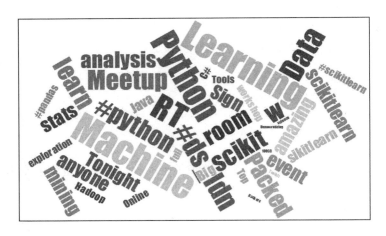

在第 3 章中，我们将介绍更多关于数据可视化和探索性数据分析的内容。

1.11 大数据

大数据用来描述当数据量超过了常规数据库处理能力的情况。计算机技术结合科学且每日生活已经收集了大量的数据，如气象数据、网络交易日志、客户数据及信用卡记录。然而，如此庞大的数据集不可能简单地利用一台商用计算机来管理，因为数据大到无法存储或是需要花很多时间来处理这些数据。为了避免这些障碍，一种并联分布式架构的云计算平台，提供了处理海量数据的更有效的方式。为了存储及控制大数据，并联及分布式的架构展现了新的能力。

如今大数据代表了：多样化、体量、数据来自网络、传感器、音频、影像、网络、记录簿、社群媒体、业务端的应用的速率，达到了不寻常的程度。大数据冲击了商业、政府及科学。为了表达信息真正的意义，我们不仅需要了解大数据，还需要进行大数据分析。

大数据分析有三个主要的特点：

- ❑ **数据量**（volume）：大规模的数据。
- ❑ **数据形式**（variety）：存在着结构化、非结构化以及多结构化数据等不同的类型。
- ❑ **速度**（velocity）：需要实施快速分析。

如下图所示，我们可以看到这三个特征之间的相互作用关系。

当数据快速增长，并且需要我们发现隐藏的模式、隐藏的相互关系及其他有用的信息时，就需要进行大数据分析，来帮助我们做出更好的决策。有了大数据分析，能够转换未来的商务决策，数据专家及他人能够分析海量的数据，这是传统的分析及商业智能无法做到的。大数据是一个工作流可以提取千兆字节低价值数据。大数据是一个机会，任何一家公司可以从数据聚合、数据枯竭、元数据取得利益。这使得大数据成为一种有效的商业分析工具，但是大家常常会误解大数据的真义。

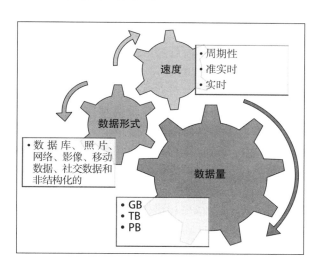

对大数据处理最常见的架构是通过 MapReduce 来实现的，它是通过分布式集群来对大数据集进行同步的编程模式。

Apache Hadoop 是 MapReduce 架构中最常用的实施方式，用来解决大规模分布式数据存储任务、分析和资料检索任务。然而，MapReduce 只是存储和管理大数据技术的三种类型之一。还有另外两种方式，分别是 NoSQL 和**大规模平行处理数据存储**（Massively Parallel Processing，MPP）。在本书中我们将通过 MongoDB 来实施 MapReduce 功能以及 NoSQL 存储，详见第 12 章以及第 13 章。

MongoDB 为我们提供了文件导向存储、高可用性以及 map/reduce 灵活进行数据聚集的特点。

在 IEEE 2009 年发表的一篇题为"非理性数据效能"（The Unreasonable Effectiveness of Data）的文章中指出：

基于大数据量的始终如一的简单模型要胜过精心拟定的小数据量模型。

在大数据领域这是一个基础观念（此文章的全文可以在 http://static.googleusercontent.com/media/research.google.com/en//pubs/archive/35179.pdf 上查到）。对于现实世界数据的问题是，获得错误关联关系的可能性非常高，甚至高过了数据集本身的增长。基于这样的原因，在本书中，我们专注于有意义的数据而非大数据。

对于大数据的一个主要挑战是如何对 PB 级数据进行存储、保护、备份、组织、分类。另外一个对大数据的主要挑战是数据模糊性的概念。随着具备多传感器及摄像头的灵巧设备的广泛应用，每个人可以获得的数据每分钟都在增长。大数据意味着对全部数据进行实时处理。

1.12 自我量化

量化自我是一种自我认知通过科技来自我追踪。在这方面，一个人可以收集日常生活数据的输入、陈述、表现。比如输入像是食物的摄入或是吸入空气的质量；陈述像是心情或是血压；表现像是身心状况。为了收集这些数据，我们可以使用可穿戴式感应器及生活记录器。自我量化的过程允许个人量化生物特征，这些是他们从未认知存在的，同时使得数据的收集越来越便宜及方便。一个人可以追踪胰岛素、肾上腺皮质激素及 DNA 序列。使用自我量化数据，一个人可以关注自己整体的健康、饮食及运动量。

现在，使用可穿戴式感应器的人越来越多。如果我们可以提炼特定人群的自我量化数据，就可以利用预测算法来诊断这个区块的病人。这表示自我量化数据在某些药物领域里非常有用。

如下图所示，一些电子装置可以用来收集量化的数据。

1.12.1 传感器和摄像头

在数据分析过程中能够同外部世界进行交互是十分重要的。使用 RFID（Radio-

Frequency Identification，无线射频识别技术）或**智能手机扫描二维码**（QR code）是一种与客户直接交互、提出建议并分析消费趋势的简便方法。

另外，人们无时无刻不在使用智能手机，这时可以将手机上的摄像头作为工具。在第 5 章中，我们将使用数码影像来执行图像的查找。例如，这种方式可以用来进行面部识别或者仅仅通过对餐厅前门拍照来查找对这家餐厅的评价。

这种同外部世界的交互可以成为一种比较竞争优势或者直接从客户端获取实时数据的方式。

1.12.2　社交网络分析

如今，网络利用很多方法将人串联在一起（如利用社交媒体）；例如，脸书、Twitter、领英等。用户利用这些社交媒体，在网上工作、游戏、社交及展现新形式的协作。社交媒体在重新划分商业模式，并开创出更多学习人类互动及共同行为的可能性时，扮演了重要的角色。

事实上，如果想了解如何判断在社会系统中重要人群，我们可以产出模型，并利用社交中的数据分析技术来提炼之前谈到的信息。这个过程称为社交网络分析（Social Network Analysis，SNA）。

从形式上看，**社交网络分析**是指按照网络理论用节点来代表个人，用连接线表示人与人之间的关系，进而开展对社交关系的分析。社交网络是根据个人（朋友）之间相互关联的不同方面来创造不同的群组。我们可以找到类似于兴趣（用于产品推荐）或者群组核心（最有影响力的意见提供者）等重要的信息。第 10 章提供了一个项目，该项目是一个关于如何在 Twitter 分群中确定你最亲密朋友的解决方案。

社交媒体是一种强关联，并且这种关联通常是不对称的。这使得社交网络分析耗费较多的计算资源，需要更多在算法方面而不是统计方面的高性能解决方案。

对社交媒体进行可视化有利于我们深入了解人与人之间是如何联系起来的。对图谱的解释是通过选用不同的颜色、大小以及分布方式对节点、连接线进行展示。D3.js 资料库具有动画功能，让我们以交互动画的方式实现对社交图谱的可视化。这可帮助我们对信息扩散或者节点间距离等行为进行模拟。

Facebook 每天都要处理超过 500TB 的数据量（图像、文字、视频、喜好以及关系等数据），如此大数据量无法使用类似 NoSQL 数据库、MapReduce 框架等传统的处理方法，在本书中，我们采用 MongoDB（一种基于文件的 NoSQL 数据库），它在合并和分布式计算处理方面具有强大的功能。

1.13　本书的工具和练习

本书的目标是让读者能够对特定的项目进行部署，为了达到这样的目的，在本书中你会使用和操作 Python、D3 和 MongoDB 等工具。这些工具可帮助你进行编码并实施项目。也可以在为读者提供的开源存储库（http://github.com/hmcuesta）中下载所有的代码。

1.13.1 为什么使用 Python

Python 是一种脚本语言，它是解释型语言（interpreted language）的一种，具有内置的内存管理以及同其他程序间良好的调用与合作。目前有 2.7 和 3.x 两种流行的版本，在本书中我们将着重使用 3.x 版本，因为它是经过积极开发且使用接近两年的稳定版本。

Python 兼容 Windows、Linux/Unix 以及 Mac OS X 等多个系统平台，并植入了 Java 和 .NET 虚拟机接口。Python 拥有强大的标准资料库和丰富的第三方程序包，例如 NumPy、SciPy、pandas、SciKit、mlpy 等，可用于进行数值计算和机器学习。

Python 对于初学者和专家同样适用；无论项目规模大小，Python 具有很好的高扩展性。同时，它也是易于拓展和面向对象的。

Python 得到了 Google、Yahoo Maps、NASA、RedHat、Raspberry Pi、IBM 等组织的广泛使用。

具体使用 Python 的组织列表可以在如下网址查到：http://wiki.python.org/moin/OrganizationsUsingPython。Python 的文档以及案例可以在 http://docs. python. org/3/ 查到。

Python 是开源的，即便对商业应用而言，它也支持免费下载，网址为：http://python.org/。

1.13.2 为什么使用 mlpy

mlpy（Machine Learning Python）是 Python 的一个模块，它基于 NumPy、SciPy 以及 GNU 科学资料库。它是开源资源同时支持 Python 3.x。mlpy 模块拥有大量的机器学习算术，可用于处理有监督学习和无监督学习两类问题。

本书所使用的 mlpy 的一些主要特征如下：
- Regression（数值回归）：支持向量机（SVM）
- Classification（分类）：SVM、k-NN、分类树
- Clustering（聚集）：k-means、多维尺度变换
- Dimensionality Reduction（降维）：PCA（Principal Component Analysis，主成分分析）
- Misc：DTW 距离

在网址 http://mlpy.sourceforge.net/ 可下载最新版本的 mlpy。

你还可以参考论文"Machine Learning Python"（http://arxiv.org/abs/1202.6548），作者：D. Albanese、R. Visintainer、S. Merler、S. Riccadonna、G. Jurman 和 C. Furlanello，2012 年。

1.13.3 为什么使用 D3.js

D3.js（Data-Driven Document，数据导向文件）是由 Mike Bostock 开发的。D3 是一种 JavaScript 资料库，用于进行数据可视化以及在无控件的情况下使用浏览器来控制文件对象

模型。在 D3.js 中你可以控制所有的文件对象模型（Document Object Model，DOM）元素，同时它同其他客户端网络技术一样（如 HTML、CSS 以及 SVG）具有很强的灵活性。

D3.js 支持大数据集以及动画处理能力，这使得它成为在 Web 端进行可视化的绝佳选择。

D3 拥有优秀的文档、案例以及社区论坛，具体可以访问 https://github.com/mbostock/d3/wiki/Gallery 以及 https://github.com/mbostock/d3/wiki。你也可以从 http://d3js.org/ 下载到 D3.js 的最新版本。

1.13.4　为什么使用 MongoDB

NoSQL（Not only SQL）是泛指覆盖不同类型数据存储技术的专业术语，它应用在当你的业务模式无法适应典型的关系型数据模型的情况下。NoSQL 主要使用在 Web 2.0 以及社群媒体应用中。

MongoDB 是一种基于文件的数据库。这意味着 MongoDB 以一种档案收集的方式来存储和组织数据，这使得你可以按照在应用中进行建模的方法来存储模型视图。同时，你可以采用 MapReduce 的方式执行对数据和基本数据挖掘的复杂搜索。

MongoDB 具有高扩展性和健壮性，适合利用 JavaScript 进行 Web 应用开发。这是因为你可以将数据按照 JSON（JavaScript Object Notation）文件的方式进行存储，同时在灵活框架中执行，这对非结构化数据是非常合适的。

MongoDB 得到 Foursquare、Craigslist、Firebase、SAP 和 Forbes 等组织的广泛认可。我们可以在 http://www.mongodb.com/industries/ 中找到详细的用户名单。

MongoDB 也是一个大型活跃社区，其文件编写完善，详见 http://docs.mongodb.org/manual/。

MongoDB 易于学习且使用免费，下载网址是 http://www.mongodb.org/downloads。

1.14　小结

本章中，我们主要介绍了数据分析的生态系统，解释了数据分析过程的基本概念、工具，以及对数据分析实际应用的建议。同时提供了对不同类型数据（数值型数据和分类数据）的整体介绍。我们谈到了数据特征：结构化数据（如数据库、日志、报告）和非结构化数据（如图像采集信息、社交媒体和文本挖掘）。然后，我们介绍了数据可视化的重要性以及一个完善的可视化结果在探索性数据分析中所提供的帮助。最后，我们探讨了关于大数据、自我量化和社交网络分析的一些概念。

下一章中，我们将利用 Python 和 OpenRefine 工具对数据进行清洗、处理和转化。

Chapter 2 | 第 2 章

数据预处理

进行现实世界的数据分析需要精确的数据。在本章中，我们讨论如何使用 OpenRefine 工具对原始数据进行获取、清洗、标准化和转化，从而获得标准形式数据，例如 Comma-Separated Values（CSV）或者 JavaScript Object Notation（JSON）。

本章将涵盖以下主题：

- ❏ 数据源
- ❏ 数据清洗
- ❏ 数据归约
- ❏ 数据格式
- ❏ 开始使用 OpenRefine

2.1 数据源

数据源泛指对数据进行抽取、存储的技术。一个数据源可以是从单一文本到大数据库的任何一种形式。原始数据可以从观测日志、传感器、交易数据或者用户行为中获得。

一个数据集是一组数据的集合，通常以表格的形式呈现。每一列代表一个特定的变量，每一行对应特定的数据值，具体如下图所示。

在这章节中，我们将会介绍最普遍的数据源及数据集。

 下图来自于加州州立大学尔文分校机器学习知识库中的经典的天气数据集 http://archive.ics.uci.edu/ml/。

列

id	outlook	temperature	humidity	windy	play
1	sunny	85	85	FALSE	no
2	sunny	80	90	TRUE	no
3	overcast	83	86	FALSE	yes
4	rainy	70	96	FALSE	yes
5	rainy	68	80	FALSE	yes
6	rainy	65	70	TRUE	no
7	overcast	64	65	TRUE	yes
8	sunny	72	95	FALSE	no
9	sunny	69	70	FALSE	yes
10	rainy	75	80	FALSE	yes
11	sunny	75	70	TRUE	yes
12	overcast	72	90	TRUE	yes
13	overcast	81	75	FALSE	yes
14	rainy	71	91	TRUE	no

行

数值

一个数据集代表了对一个数据源的物理实现。一个数据集通常具备如下特征：

❑ 数据集特性（例如多变量和单一变量）

❑ 实例数

❑ 领域（例如生活类、商务类等）

❑ 属性特征（真实的、分类的和名义的）

❑ 属性值

❑ 相关任务（分类或者聚类）

❑ 缺失值

2.1.1 开源数据

开源数据是指可以被任何人基于不同的目的进行使用、再利用或者再分配的数据。下面列出了一组开源数据的资源库及数据库：

❑ 数据中心（Data hub）网址是 http://datahub.io/。

❑ 图书漂流（Book-Crossing）数据集的网址是 http//www.informatik.uni-freiburg.de/~cziegler/BX/。

❑ 世界健康组织的网址：http://www.who.int/research/en/。

❑ 世界银行的网址：http://data.worldbank.org/。

❑ 美国国家航空航天局：http://data.nasa.gov/。

❑ 美国政府的网址是 http://www.data.gov/。

❑ 明斯特大学（德国）的科学研究数据的网址是 http://data.uni-muenster.de/。

在一些数据挖掘以及数据发现竞赛（例如，ACM-KDD 杯或者 Kaggle platform）中所使用的绝大多数数据集也是非常有趣的数据资源，所使用的大多数资源即使在比赛结束后也是可以访问的。详情请参考 ACM-KDD 杯的相关网址 http://www.sigkdd. org/kddcup/index.php 以及 Kaggle 的网址 http://www.kaggle.com/competitions。

2.1.2 文本文件

文本文件通常用来存储数据，因为它比较容易转化成其他不同的格式，同时相较其他格式而言，它更容易恢复或持续处理已有的内容。大数据量主要来自于日志、传感器、E-mail 或者交易数据。文本文件有很多种形式，如以","分隔的 CSV 文件、以" tab "分隔的 TSV 文件、可扩展标记语言（Extensible Markup Language，XML）以及 JSON（详见 2.3 节）。

2.1.3 Excel 文件

微软的 Excel 文件可能是最广泛使用同时也是最被低估其应用价值的数据分析工具。事实上，例如过滤、合并功能以及使用 SQL 来进行 Visual Basis 应用（例如对数据表或者外部数据库进行查询）等内容都是 Excel 的优秀应用。

Excel 的一些不足之处在于对缺失值处理的不一致性，同时它还缺少对如何完成分析过程的具体记录。在使用 ToolPak 时，一次只能对一张数据表进行处理。

2.1.4 SQL 数据库

数据库是数据集的组织形式。SQL 是一种管理和控制数据的数据库语言，应用在**关系型数据库管理系统**（Relational Database Management System，RDBMS）中。**数据库管理系统**（Database Management System，DBMS）负责维持数据的一致性和数据安全存储，当系统出现故障的时候，DBMS 负责对系统信息进行恢复。SQL 语言可以划分为两个类别：**数据定义语言**（Data Definition Language，DDL）和**数据控制语言**（Data Manipulation Language，DML）。

在数据库中对数据进行组织，并划分为若干具有逻辑关系的表格，这样我们可以通过编写数据库查询语句来获取数据。具体如下图所示。

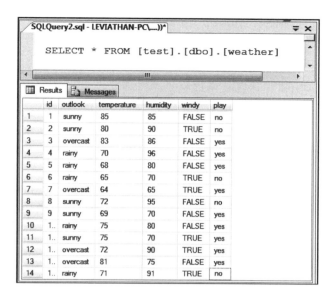

数据定义语言（DDL）允许对数据库表进行创建、删除和更改。我们可以通过定义主键来详细描述表间的关系，并执行对数据库表的限制。

- ❑ CEATE TABLE：该命令用于创建新的数据库表。
- ❑ ALTER TABLEL：该命令用于更改一个数据库表。
- ❑ DROP TABLE：该命令用于删除一个数据库表。

数据控制语言（DML）是一种能够让用户对数据进行访问和操作的语言。

- ❑ SELECT：此命令用于从数据库中获取数据。
- ❑ INSERT INTO：此命令用于向数据库中插入新的数据。
- ❑ UPDATE：此命令用于更新现有数据库中的数据。
- ❑ DELETE：此命令用于删除数据库中的数据。

2.1.5　NoSQL 数据库

NoSQL 是数据无须使用关系模型的情况下所涉及的多种技术的总称。NoSQL 技术能够让我们进行大数据量处理，实现高可用性、可量测性和高效能数据处理。

 具体可参考第 12 章和第 13 章来获得对 MongoDB 存储文件的扩展案例。

最常用的 NoSQL 数据存储类型如下。

- ❑ **文件存储**：数据按照文件集合方式进行存储和组织。模式图示是灵活的，每一种集合都可以同时处理几个领域。例如，MongoDB 使用 BSON（binary format of JSON）文件，而 CouchDB 则使用 JSON 文件。
- ❑ **键–值存储**：数据是按照键–值对应的方式进行存储，无须预先定义模式。数值通过它们的键进行获取。例如，Apache Cassandra、Dynamo、HBase 以及 Amazon SimpleDB。

❑ **基于图形的存储**：采用计算机科学中的图论，将数据按照点、边和属性值的图形结构方式进行存储和获取。这种数据库非常适用于表现社交网络和关系。例如，Neo4js、InfoGrid 和 Horton。

更多关于 NoSQL 的信息，可以参考 http://nosql-database.org/。

2.1.6 多媒体

随着移动设备数量的增长，从多媒体数据库中提取语义信息进行数据分析时需要优先考虑获取的能力。数据资源包括直接可感知媒体，例如音频、图像和视频。对于此类数据源的一些应用如下所示：

❑ 基于内容的图像获取
❑ 基于内容的视频获取
❑ 电影及视频分类
❑ 面部识别
❑ 语音识别
❑ 音频及音乐分类

在第 5 章中，我们将展示基于相似性的图像查询引擎，它使用 Caltech256 图像数据集，其中包含了超过 30600 幅图像。

2.1.7 网页检索

当我们想要获取数据的时候，从网络开始是最好的选择。**网页检索**（web scraping）是指处理 HTML 网页来获取数据加以操作的一种应用。网页检索应用将激发人们通过浏览器来浏览网站信息。在下面的例子中，假设我们想要获取当下 www.gold.org 中黄金的价格，具体如下图所示。

那么我们就需要调查在网页中**黄金现货价格**（Gold Spot Price）元素，在这儿我们可以找到如下相应的 HTML 标签。

```
<td class="value" id="spotpriceCellAsk">1,573.85</td>
```

在 td 标签中我们可以观察到一个 id（spotpriceCellAsk），这将是我们接下来进行 Python 编码时会用到的一个元素。

对于此案例，我们将会用到 BeautifulSoup Version 4 资料库，在 Linux 系统环境下，我们可以安装系统安装管理包，需要打开一个终端然后执行下面的操作：

$ apt-get install python-bs4

对于 WIMDOWS 系统，我们需要从下面的链接来下载资料库：

http://crummy.com/software/BeautifulSoup/bs4/download/

运行此程序，执行如下命令行：

$ python setup.py install

首先，需要导入 BeautifulSoup 及 urllib.request，具体如下：

```
from bs4 import BeautifulSoup
import urllib.request
from time import sleep
from datetime import datetime
```

其次，使用 getGoldPrice 功能从网页上取得当前价格，为了完成此项工作，我们需要通过 URL 获得请求并浏览整个网页，具体如下：

```
req = urllib.request.urlopen(url)
page = req.read()
```

再次，使用 BeautifulSoup 来解析网页（创建对网页所有元素的列表），同时通过 id（spotprice CellAsk）来申请 td 元素：

```
scraping = BeautifulSoup(page)
price=  scraping.findAll("td",attrs={"id":"spotpriceCellAsk"})[0].text
```

现在，我们可以根据当前黄金价格的具体值返回变量 price 的值，这个值在网页上每分钟更新一次，在这样的情况下，我们希望能够获得 1 小时内的所有值，所以我们按照 60 次作为一个循环调用函数 getGoldPrice，每次脚本运行间距时间为 59 秒：

```
for x in range(0,60):

  sleep(59)
```

最后，我们将结果保存在 goldPrice.out 文件中，将当前的时间以 HH：MM：SS（A.M. 或 P.M. 均可）的格式保存，例如：11：35：42PM，以"，"进行分隔，具体如下：

```
with open("goldPrice.out","w") as f:
...
        sNow = datetime.now().strftime("%I:%M:%S%p")
        f.write("{0}, {1} \n ".format(sNow, getGoldPrice()))
```

函数 datetime.now().strftime 创建了一组字符串，它代表了在显式格式字符串的控制下的具体时间" %I：%M：%S%p"，其中，%I 代表小时，是一个十进位的数字，范围从 0 到 12；%M 代表分钟，是一个十进位数字，范围从 00 到 59，%S 代表秒，是一个十进位数字，范围从 00 到 61，同时 %p 代表 A.M. 或者 P.M.。

一组已经完成了的格式化命令可以在下面的链接中找到：

```
http://docs.python.org/3.4/library/datetime.html
```

下面是全部的脚本程序：

```
from bs4 import BeautifulSoup
import urllib.request
from time import sleep
from datetime import datetime
def getGoldPrice():
    url = "http://gold.org"
    req = urllib.request.urlopen(url)
    page = req.read()
    scraping = BeautifulSoup(page)
    price= scraping.findAll
("td",attrs={"id":"spotpriceCellAsk"})[0]
    .text
    return price

with open("goldPrice.out","w") as f:
    for x in range(0,60):
        sNow = datetime.now().strftime("%I:%M:%S%p")
        f.write("{0}, {1} \n ".format(sNow, getGoldPrice()))
        sleep(59)
```

 你可以从作者的 GitHub 资料库（Web Scraping.py）下载完整的脚本，具体网址为 https://github.com/hmcuesta/PDA_Book/tree/master/Chapter2。

goldPrice.out 的输出文件将会以如下的格式展示：

```
11:35:02AM, 1481.25
11:36:03AM, 1481.26
11:37:02AM, 1481.28
11:38:04AM, 1481.25
11:39:03AM, 1481.22
...
```

2.2 数据清洗

数据清洗（data scrubbing 或者 data cleansing）是对数据集中错误的、不精确的、不完整的、格式错误的以及重复的数据进行修正、移除的过程。

数据分析过程获取结果不仅仅只依赖算法，同时还依赖数据质量。这就是为什么在获取数据之后的步骤是数据清洗。为了避免数据中存在脏数据，需要对数据进行如下特征检查：

- ❏ 正确性
- ❏ 完整性
- ❏ 精确性
- ❏ 一致性
- ❏ 统一性

通过应用一些简单的统计学检验、文本解析以及删除重复值可以发现脏数据。缺失或者稀疏的数据会导致我们获得极其错误的结果。

2.2.1 统计方法

为了应用统计方法我们需要了解问题（知识域）的相关背景，进而找到关于意料之外的甚至是错误的值。即使数据类型相符合，但是值却超过了正常的范围，这时可以通过设置平均数或者绝对平均值来替代解决。统计学检验可以用于解决缺失值的问题，通过内插法（Interpolation）或者抽取的方式复制数据集，进而获得一个或多个可能的值对缺失值进行替代。

- ❏ 平均数（mean）：平均数是将所有的值相加，然后除以所有值的个数总和的计算结果。
- ❏ 中位数（median）：将所有数值进行排序然后所获得的中间的那个值即为中位数。
- ❏ 范围约束（range constraint）：数值或者日期值应该在每一个确定的区间范围内，因此，它们应该有最大可能值和最小可能值。
- ❏ 聚类（clustering）：通常情况下，当我们直接从用户端获得一些数值时会包含一些模糊值，或者打字错误但含义相同的值。例如 " Buchanan Deluxe 750ml 12×01" 和 " Buchanan Deluxe 750ml 12×01."，只有一个 "." 的差别，再比如使用 Microsoft 或者 MS 而不是 Microsoft Corporation，它们指的都是同样的公司，并且所有的值都是有效的。在这些情况下，分组可以帮助我们获得精确的数据并消除重复值，让我们也能更快地确认唯一值。

2.2.2 文本解析

通过执行解析可以帮助我们验证字符、串数据是否为正确的格式。

常规的表达方式将需要按照通常的文本方式进行验证。例如，日期、E-mail、电话号码、IP 地址。REGEX 是 regular expression（正则表达式）的缩写。

在 Python 中，我们使用 re 模块来执行常规表达。我们可以执行文本查询及模式检验。

首先我们需要先导入 re 模块：

```
import re
```

在下面的例子中，我们将执行三种最常见的验证（E-mail、IP 地址和日期格式）。

❑ E-mail 检验：

```
myString = 'From: readers@packt.com (readers email)'
result = re.search('([\w.-]+)@([\w.-]+)', myString)
if result:
    print (result.group(0))
    print (result.group(1))
    print (result.group(2))
```

输出结果具体为：

```
>>> readers@packt.com
>>> readers
>>> packt.com
```

search() 函数扫描整个字符串，寻找任何可能满足正则表达式的地方。函数 group() 返回满足正则表达式的字符串。\w 模式匹配任何按照字母排序的字段并等于分组（a-z, A-Z, 0-9）。

❑ IP 地址检验：

```
isIP = re.compile('\d{1,3}\.\d{1,3}\.\d{1,3}\.\d{1,3}')
myString = " Your IP is:  192.168.1.254  "
result = re.findall(isIP,myString)
print(result)
```

输出结果具体为：

```
>>> 192.168.1.254
```

函数 findall() 找到了所有满足正则表达式的子字符串，并返回子字符串列表。\d 模式匹配任何十进制数字，将等于分组值 [0-9]。

❑ 日期格式：

```
myString = "01/04/2001"
isDate = re.match('[0-1][0-9]\/[0-3][0-9]\/[1-2][0-9]{3}', myString)
if isDate:
    print("valid")
else:
    print("invalid")
```

输出结果具体为：

```
>>> 'valid'
```

函数 match() 找出所有满足正则表达式的字符串，模式执行分组（0-9）来解析日期格式。

关于正则表达式的更多信息，请访问链接 http://docs.python.org/3.4/howto/regex.html#
regex-howto。

2.2.3　数据转化

数据的转换通常与数据库及数据仓库相关，其中数值按照源数据被抽取、转化并加载
为目标格式。

抽取、**转化**及**加载**（Extract，Transform，and Load，ETL）是从数据源获取数据，依赖
我们的数据模型执行一些转化功能，然后将结果数据加载到目标库中。

- ❏ 数据抽取可以从多数据源获取数据，例如关系数据库、数据流、文本文件（JSON
  CSV、XML）以及 NoSQL 数据库。
- ❏ 数据转化可以清洗、转化、汇合、归并、替代、验证、格式化以及拆分数据。
- ❏ 数据加载可以将数据加载为目标格式，例如关系数据库、文本文件（JSON、CSV、
  XML）以及 NoSQL 数据库。

　在统计学中，数据转化是指对数据集或是时间序列点进行的数学函数应用。

2.3　数据格式

当我们对所需数据加以应用时，最简单的存储方式就是通过文本文件存储。在本节中，
我们将展示一些解析常用数据格式的案例，例如 CSV、JSON 以及 XML。这些例子对我们
后续的章节非常有用。

　几个案例中使用的数据集是 National Pokedex 扮演的 pokemon 角色的一个列表，具
体网址为 http://bulbapedia.bulbagarden.net/。

所有的脚本和数据集文件都可以在作者的 GitHub 资料库中找到，URL 地址为
https://github.com/hmcuesta/PDA_Book/tree/master/Chapter3/。

2.3.1 CSV

CSV 是一种简单和常用的数据表格形式，大多数数据分析工具可以对它进行导入或者导出。CSV 是纯文本格式，也就是说此文件由一系列字符组成，没有数据需要被解析，例如二进制数。

Python 中解析 CSV 文件有很多种方式，接下来我们将讨论其中的两种方式。

CSV 文件（pokemon.csv）前 8 条记录，具体如下：

```
id, typeTwo, name, type
001, Poison, Bulbasaur, Grass
002, Poison, Ivysaur, Grass
003, Poison, Venusaur, Grass
006, Flying, Charizard, Fire
012, Flying, Butterfree, Bug
013, Poison, Weedle, Bug
014, Poison, Kakuna, Bug
015, Poison, Beedrill, Bug
. . .
```

利用 csv 模块解析 CSV 文件

首先，我们需要导入 csv 模块：

```
import csv
```

接下来打开 .csv 格式文件，然后应用函数 csv.reader（f）来解析文件：

```
with open("pokemon.csv") as f:
    data = csv.reader(f)
    #Now we just iterate over the reader

    for line in data:
        print(" id: {0} , typeTwo: {1}, name:  {2}, type: {3}"
                .format(line[0],line[1],line[2],line[3]))
```

具体输出为：

```
[(1,  b' Poison', b' Bulbasaur', b' Grass')
 (2,  b' Poison', b' Ivysaur', b' Grass')
 (3,  b' Poison', b' Venusaur', b' Grass')
 (6,  b' Flying', b' Charizard', b' Fire')
    (12, b' Flying', b' Butterfree', b' Bug')
    . . .]
```

利用 NumPy 解析 CSV 文件

解析 CSV 文件的执行步骤如下：

首先，导入 NumPy 资料库：

```
import numpy as np
```

NumPy 拥有 genfromtxt 函数功能，可以从中可以获取 4 个参数。首先，我们需要提供

pokemon.csv 的文件名称。其次略过标题栏（skip_header），再次需要明确数据类型（dtype）。
最后，我们将定义"，"作为字符间的分隔符（delimiter）。

```
data = np.genfromtxt("pokemon.csv"
                     ,skip_header=1
                     ,dtype=None
                     ,delimiter=',')
```

然后，输出结果：

```
print(data)
```

具体输出为：

```
id: id , typeTwo: typeTwo, name:  name, type: type
id:  001 , typeTwo:  Poison, name:   Bulbasaur, type:  Grass
id:  002 , typeTwo:  Poison, name:   Ivysaur, type:  Grass
id:  003 , typeTwo:  Poison, name:   Venusaur, type:  Grass
id:  006 , typeTwo:  Flying, name:   Charizard, type:  Fire
. . .
```

2.3.2　JSON

JSON 是一种常见的数据交换格式。尽管它是从 JavaScript 演化出来的，但是 Python
提供了一个关于解析 JSON 的资料库。

利用 json 模块解析 JSON 文件

JSON 文件（pokemon.json）前三条记录如下：

```
[
    {
        "id": " 001",
        "typeTwo": " Poison",
        "name": " Bulbasaur",
        "type": " Grass"
    },
    {
        "id": " 002",
        "typeTwo": " Poison",
        "name": " Ivysaur",
        "type": " Grass"
    },
    {
        "id": " 003",
        "typeTwo": " Poison",
        "name": " Venusaur",
        "type": " Grass"
    },
. . .]
```

首先，我们需要导入 json 模块和 pprint（pretty-print）模块。

```
import json
```

```
from pprint import pprint
```

然后，我们打开 pokemon.json 文件，并通过 json.loads 函数对文件进行解析。

```
with open("pokemon.json") as f:
    data = json.loads(f.read())
```

最后，输出 pprint 函数的结果。

```
pprint(data)
```

具体输出为：

```
[{'id': ' 001', 'name': ' Bulbasaur', 'type': ' Grass', 'typeTwo': '
Poison'},
 {'id': ' 002', 'name': ' Ivysaur', 'type': ' Grass', 'typeTwo': '
Poison'},
 {'id': ' 003', 'name': ' Venusaur', 'type': ' Grass', 'typeTwo': '
Poison'},
 {'id': ' 006', 'name': ' Charizard', 'type': ' Fire', 'typeTwo': '
Flying'},
 {'id': ' 012', 'name': ' Butterfree', 'type': ' Bug', 'typeTwo': '
Flying'}, . . . ]
```

2.3.3 XML

根据世界万维网联盟（World Wide Web Consortium，W3C）的公开网址 http://www.w3.org/XML/，XML 定义如下：

Extensible Markup Language（XML，可扩展标记语言）是一种简单灵活的文本格式，来自 SGML（ISO 8879）。最初的设计目的是满足大规模电子出版的挑战，XML 同时也在互联网以及其他领域的大范围数据交换中具有更加重要的作用。

XML 文件（pokemon.xml）前三条记录如下：

```xml
<?xml version="1.0" encoding="UTF-8" ?>
<pokemon>
    <row>
        <id> 001</id>
        <typeTwo> Poison</typeTwo>
        <name> Bulbasaur</name>
        <type> Grass</type>
    </row>
    <row>
        <id> 002</id>
        <typeTwo> Poison</typeTwo>
        <name> Ivysaur</name>
        <type> Grass</type>
    </row>
    <row>
        <id> 003</id>
        <typeTwo> Poison</typeTwo>
        <name> Venusaur</name>
```

```
        <type> Grass</type>
    </row>
. . .
</pokemon>
```

利用 XML 模块解析 XML 文件

首先，通过 xml 模块导入 ElementTree 目标。

```
from xml.etree import ElementTree
```

其次，打开 pokemon.xml 文件，通过 ElementTree.parse 函数对文件进行解析。

```
with open("pokemon.xml") as f:
    doc = ElementTree.parse(f)
```

最后，通过 findall 函数仅仅输出单列 'row' 元素：

```
for node in doc.findall('row'):
    print("")
    print("id: {0}".format(node.find('id').text))
    print("typeTwo: {0}".format(node.find('typeTwo').text))
    print("name: {0}".format(node.find('name').text))
    print("type: {0}".format(node.find('type').text))
```

具体输出为：

```
id:  001
typeTwo:  Poison
name:  Bulbasaur
type:  Grass
id:  002
typeTwo:  Poison
name:  Ivysaur
type:  Grass
id:  003
typeTwo:  Poison
name:  Venusaur
type:  Grass
. . .
```

2.3.4　YAML

YAML 不是标记语言（YAML Ain't Markup Language，YAML）是一种人类友好数据序列串行化格式。它不像 JSON 或者 XML 那么普遍使用，但是它的设计定位是将不同的数据类型简便地匹配成更高层次的高级语言。一个对 Python 解析器的执行称为 PyYAML，在 PyPI 资料库中可以找到，同时它的执行也同 JSON 的模块非常相似。

YAML 文件（pokemon.yaml）前三条记录如下所示：

```
Pokemon:
```

```
 -id      : 001
typeTwo : Poison
name     : Bulbasaur
type     : Grass
 -id      : 002
typeTwo : Poison
name     : Ivysaur
type     : Grass
 -id      : 003
typeTwo : Poison
name     : Venusaur
type     : Grass
. . .
```

2.4 数据归约

许多数据科学家使用海量的数据来做分析，这不仅会花费很长时间且有时很难分析数据。在数据分析的应用中，如果你使用海量的数据，可能会造成重复性的结果。为了克服这样的难点，我们会利用数据归约方式。

数据归约是指通过经验或理论将数字或字符转化成正确、有顺序及简单的形式。与原始数据相比，归约后的数据体量非常小。因此可以提高存储效率，同时最小化数据处理成本并降低分析的时间。我们能使用多种数据归约的方式，常用的有以下三种：

- ❑ 过滤及抽样
- ❑ 分箱算法
- ❑ 维度简约

2.4.1 过滤及抽样

在数据归约的方式中，过滤扮演了很重要的角色。过滤解释了由原始数据检定及除错的过程。在取得过滤的数据之后，我们可以在随后的分析中将其作为输入值。过滤器看起来类似于数学公式。有多种过滤的方式可用于从原始数据抽取错误及无噪数据。某些过滤方式为移动平均过滤法，例如，Savitzky-Golay 滤波器、高相关性过滤法、贝叶斯过滤法，等等。我们应该基于原始数据及学习的内容来正确使用这些过滤法。大多过滤法被应用在原始数据的样本上。例如，贝叶斯过滤法能用在由蒙特卡罗顺序抽样方法产生的样本数据上。

利用过滤法来做数据归约时，抽样的技术扮演了很重要的角色。抽样的重要性在于所抽取的样本能推论代表群体。海量数据在数据库中通常被称为"群体"数据。在数据归约的过程中，我们所抽取的子数据能最好地代表群体。

2.4.2 分箱算法

分箱（binning）是一种从连续性的变量中，抽取小规模数据群或是区块的分类过程。

分箱算法广泛用于多个领域，如基因组学和信用评分等。在特定领域早期挑选变量的阶段，分箱算法更是被频繁使用。为了强化预测的能力，独立变量中相似的属性数据被分类在同一区块。

普遍使用的分箱算法有：

❏ **等宽度分箱**（Equal-width binning）：将数据划分到预先定义数目的等宽度分箱中。

❏ **等体积分箱**（Equal-size binning）：先将数据的性质分类，然后划分到预先定义数目的等体积分箱。

❏ **最优分箱**（Optima binning）：将数据分为多个初始的等宽度分箱，如 20。这些分箱被视为名义变量的种类，并在树形结构中分组为特定数量的分段。

❏ **多区间离散化分箱**（Multi-interval discretization binning）：这个分箱过程是熵的极小化，将连续变量的范围二进制离散化为多区间并递归定义最佳的分箱。

为了选择合适的分箱算法，我们应该考虑以下对策：

❏ 缺失值应该被单独分箱。

❏ 每个分箱至少须包含 5% 的观察值。

❏ 每一个分箱都是有作用的。

❏ **证据权重法**（Weight of Evidence，WOE）是一种定量的方式用来整合证据对统计推论的支持。

❏ 分箱算法也可在 Python 3.4 中看到，如输入执行命令 import binningx0dt。

2.4.3 降维

降维方法应该被应用在正交的潜变量中采取较少的序列，而不是作为应变量在预测过程中的解释变量。这意味着降维是指将非常高维的数据转换为更低维度的数据，这样每个较低维度的数据会传达更多的信息。

降维过程是一种统计或数学的技术，在此我们能描述大多数但不是所有的数据中的方差，但是保留了相关的信息。在统计中，降维的过程可以降低随机变量的维度并可以区分为特征选择及特征抽取。下图表述了数据约简的过程：

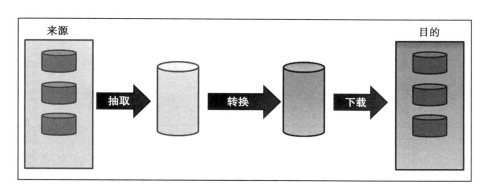

很多技术可以用来降维。**主成分分析**（Principle Component Analysis，PCA）及**线性判别分析**（Linear Discriminant Analysis，LDA）是最常用的技术。

相比较而言，在大型数据集中，线性判别分析比主成分分。主成分分析是多元数据分析技术。使用这种技术，我们可以通过变量较小的线性组合来解释大型变量集隐含的方差 – 协方差结构。

线性判别分析的目的是使用降维的同时，也尽可能地保持最多的鉴别信息。借由最大化类间距离和最小化类内距离，线性判别分析能发现大多数判别投影。

2.5 开始使用 OpenRefine 工具

OpenRefine（之前称为 Google Refine）是在数据清洗、数据探索以及数据转化方面非常有效的一个格式化工具。它是一个开源的网络应用，可以在计算机中直接运行，这样可以避开上传指定信息到外部服务器的问题。

要使用 OpenRefine 工具，可运行应用程序和打开浏览器，输入网址 http://127.0.0.1：1333/ 即可。

首先，我们需要上传我们的数据，然后点击 Create Project。如下图所示，我们可以观察我们的数据集，在本案例中，我们将使用某酒精饮品公司的月度销售额。数据集格式是一个 MS Excel（.xlsx）工作表单，共有 160 行。

可以从作者的 GitHub 资料库下载原始的 MS Excel 文件以及 OpenRefine 项目资料。具体网址为 https://github.com/hmcuesta/PDA_Book/tree/master/Chapter2。

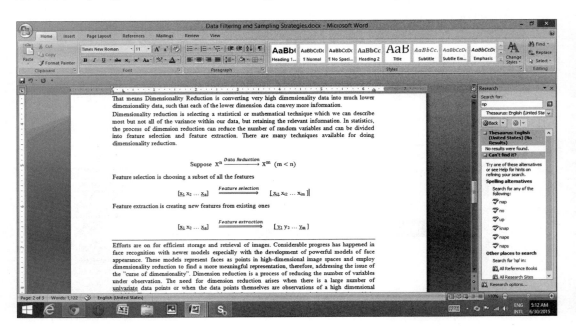

2.5.1　text facet

text facet 是一个非常实用的工具，同电子表格的过滤功能非常相似。text facet 将特定文本值进行分组归类。这有助于我们整合信息，同时我们可以看到相应的文本值所对应的多种表达方式。

现在我们可以通过点击列的下拉菜单，然后选择 Facet | TextFacet，通过 name 这一列创建一个 text facet。在下图中我们可以看到按照 name 这一列的内容进行分组的结果。这有助于我们看到数据集元素中的分布情况。我们将观察到可以选择的数量（案例中有 43 个），同时我们可以按照 name 和 count 对信息进行分类。

2.5.2　聚类

我们可以将相似的值进行聚类分析，点击我们的 text facet（参考下图），在这个案例中我们可以找到 Guinness Lata DR 440ml 24×01 和 Guinness Lata DR 440ml 24×01.，显然名字后面的 "."是一个输入错误。Cluster（聚类）选项便于我们找到这样的脏数据。现在我们可以直接选择 Merge?，然后定义 New Cell Value（新的单元格值），之后点击 Merge Selected & Close，如下图所示。

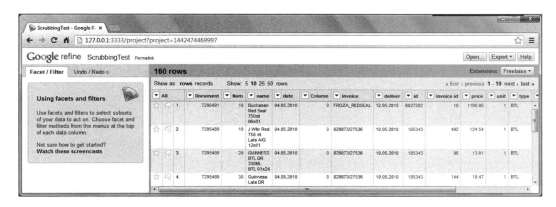

我们可以尝试选择不同的 Cluster 选项，例如将 Method 选项中 Key collision 变为 nearest neighbor，选择 Rows in Cluster 或者方差选项的长度。我们可以尝试选择不同的参数从而获得数据列中重复的项目或者更多复杂的错误拼写，如下图所示，JW Black Label 750ml 12×01 和 JW Bck Label 750ml 12×01 都是不同拼写方式下的相同产品。

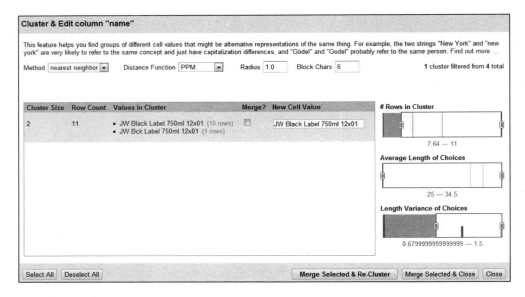

2.5.3　文本过滤器

我们可以通过特别的文本串或者使用正则表达式（如：Java 的正则表达式）来对列进行过滤。点击列的 Find 选项对我们希望过滤的列进行处理，然后在左侧文本栏里面输入要查找的文本。更多的信息可以参考 Java 的正则表达式，请访问下面的地址：http://docs.oracle.com/javase/tutorial/essential/regex/。

2.5.4　numeric facet

numeric facet 将数值分组到相应的数值范围组中。设定 numeric facet 的方法和设定 text facet 的方法一样多。例如，如果一列中数值型值来自幂律分布（参考下图的第一行），那么最好将这些值通过它们的日志进行分组（参考下图的第二行），可以使用语句 value.log()：

另外，如果我们的数值是周期性的，那么可以根据周期选择模块，为了找到一种模块可以使用如下的语句：

```
mod(value, 6)
```

我们可以从文件中通过串的长度来创建一个 numeric facet，使用如下的语句：

```
value.length()
```

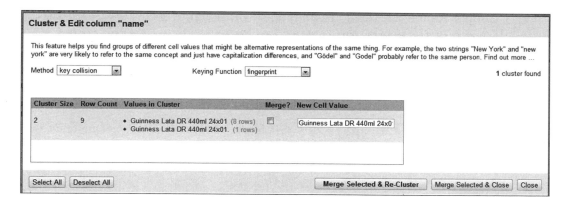

2.5.5　数据转化

在我们的案例中，列的 date 使用了特别的日期格式 01.04.2013，同时我们可以通过 "/"来替换 "."。通过这种方法进行数据格式的转化是非常简便的。我们只需按照 Column date | Edit Cells | Transform 的路径进入。

我们将可以使用 replace() 语句，具体如下：

```
replace(value,".","/")
```

现在点击 OK 选项进行数据转化。

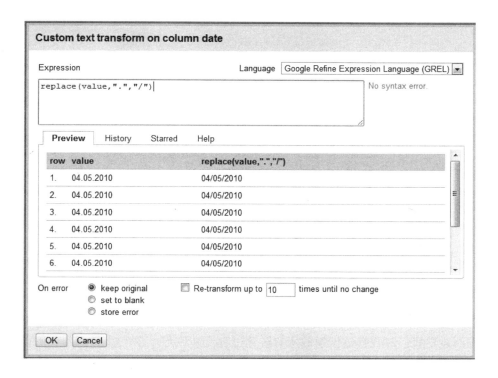

通过 Google Refine Expression Language（GREL）我们可以创建复杂的验证。例如，在一个业务逻辑中，当列值达到 10 个单元时，我们将给予 5% 的折扣，使用一个 if() 语句以及如下的算法即可实现：

```
if(value>10,value*.95,value)
```

 完整的 GREL 功能支持列表，请参照链接 https://code.google.com/p/google-refine/wiki/GRELFunctions。

2.5.6 数据输出

我们可以从现有的 OpenRefine 项目中输出下面几种不同格式的数据：

❑ TSV
❑ CSV
❑ Excel
❑ HTML table

以 JSON 文件对文件进行输出，我们可以选择 Export 选项和 Templating Export，其中可以对一个特别的 JSON 模板进行输出，具体如下图所示。

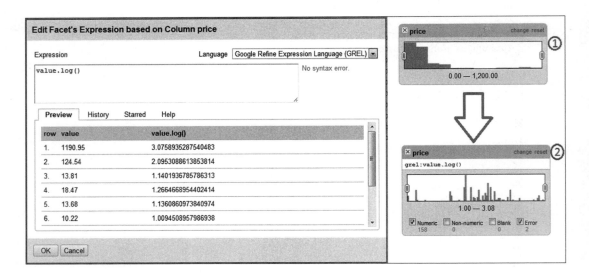

2.5.7 操作历史记录

我们可以对数据集全部转化内容进行保存，通过选择 Undo/Redo 选项，然后选择 Extract 进而显示我们对现有数据集的所有转化过程（如下页图所示）。最后，我们可以复制生成 JSON 文件，并将其粘贴到文本文件中。

将转化过程运用到另外的数据集，我们需要在 OpenRefine 工具中打开数据集，然后选择 Undo/Redo 选项，点击 Apply 按钮然后复制第一个项目中的 JSON 文件。

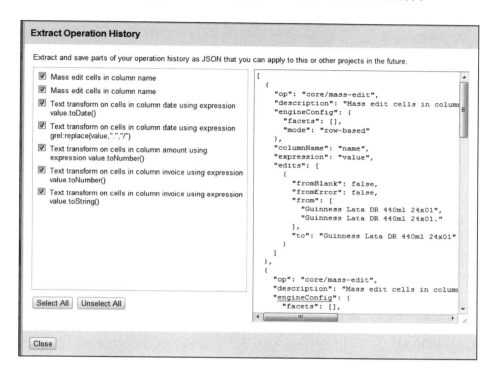

2.6　小结

在本章中我们讨论了常规的几种数据源以及网站信息检索的案例。紧接着，我们介绍了数据清洗的基本概念，例如统计方法和文本解析。然后我们学习了如何使用 Python 对常用的文本格式进行解析。我们探讨了不同的维度约简的方式。最后，介绍了数据清洗和数据格式化的有效工具 OpenRefine。

使用数据并非只有编码和点击相应的模块，我们需要跟随我们的直觉对数据进行不同的尝试，进而整理数据。我们需要使用数据相应专业的知识来发现不一致问题。对数据的全方位观测才能帮助我们发现数据中蕴含的问题。

在下一章中，我们将通过可视化技术对数据进行探索，同时也将简单介绍 D3js。

可 视 化

有时候，只有当我们看到数据时，才会知道数据的价值。在本章中，我们将通过网页可视化框架 D3（Data-Driven Document，数据导向文件）来创建可视化，进而帮助读者更容易地理解复杂的信息。

本章将涵盖以下主题：

- ❏ 可视化概述
- ❏ 可视化的生命周期
- ❏ 可视化不同类型的数据
- ❏ 社交网络中的数据
- ❏ 可视化分析的摘要

正如第 2 章所论述的那样，**探索性数据分析**（Exploratory Data Analysis，EDA）是数据分析过程中的重要组成部分，因为它有助于我们发现错误，判断关系和趋势，或者检查假设。在本章中，我们将列举几个应用可视化方法对离散的或者连续的数据进行探索性数据分析的例子。

探索性数据分析的 4 种类型，包括单变量非图形化、多变量非图形化、单变量图形化以及多变量图形化。非图形化的方法指的是计算汇总性统计结果或者发现离群点。在本书中，我们将专注于单变量和多变量的图形化模型。使用不同的可视化工具，例如柱状图、饼图、散点图、单线图和多线图，所有的内容都可以在 D3.js 中加以实施。

在本章中，我们将使用两种类型的数据，离散数据包括一组汇总的 pokemon 游戏数据（详见第 2 章），以及连续型数据，即 2008 年 3 月至 2013 年 3 月的汇率历史交易值。我们也会探索一些随机数据集的创建方式。

3.1　可视化概述

可视化是一个极佳的技术，通过创造图、图像或者动画来了解 / 表达一些特定的信息。照字面上来说，可视化是绘制资讯的一种过程。我们能通过有效的视觉意象来沟通具象和抽象的概念。

由艺术、工程、科学、教育、医学及互动多媒体领域所产生的海量及复杂的数据越来越多，所以需要通过可视化的应用了解这些数据的内容。当前，计算机制图领域被视为可视化应用中重要的一环。就如同计算机制图的发明在可视化中的重要性；动画的发展也为可视化的升级提供巨大帮助。

好的可视化工具将从视觉上解释数据并帮助人们做出决策。数据可视化技术广泛用于探索性分析、解析和结果的呈现。数据可视化迅猛地普及在很多领域。我们将通过示例来全面地讨论基于网页的可视化。

3.2　利用网页版的可视化

信息设计师 David McCandless 在 TED 演讲中提出：

"借由可视的资讯，我们看到了一道风景，你可以利用你的眼睛和一组组的信息图来探索。当你在资讯中迷失时，信息图能为你提供帮助。"

World Wide Web（WWW）是一个信息空间，在那里用互联网可以公开及展示资讯。通过在线信息服务及 WWW 来读取信息，这样的活动越来越多。在网上海量的信息随手可得。但是，用户可能会发现阅读大量的信息有点难度，于是花了很多的时间在网络上。因此，在网上，这些信息应该更容易被阅读，并且也不应该花费用户太多的时间。

大多数的人较喜欢阅读图片而非文字，所以利用图像来说明信息的方式也日益增加，这引领了我们去了解信息在架构上如何设计。在网络上，我们可以以一个高度互动的方式，利用可视的信息创建及发布图像。

为了更好地了解这个概念，我们一起看一下下图，该图以一个交互的形式出现在网络上。在本章中，我们将讨论及使用一个基于网络的可视化工具——D3。

3.3　探索科学可视化

一图胜千言。在科学可视化中，这样的想法也可以应用上。复杂的数据集模拟、科学实验、医疗扫描仪等的视觉表现形式，称为科学可视化，这是交互式计算机图形信号处理、图像处理和系统设计领域的著名方法。

在理解和解决科学问题时，科学可视化将数学模型和计算机图形从物理世界中结合起来，形成一个可视化框架。科学可视化的算法和数学基础，可以用科学和生物医学领域的真实数据来解释。在大多数情况下，科学可视化技术已应用在地球科学、医学、物理科学、化学科学、应用数学和计算机科学等领域。

3.4　在艺术上的可视化

在视觉艺术领域，视觉艺术家经常使用以计算机为基础的工具，而不是使用传统的艺术媒体。艺术家经常使用计算机捕捉或创造图像和形式，编辑这些图像和表格，并打印。反过来说，他们结合数字技术和算法艺术利用传统艺术，最终，打造新媒体视觉，但新媒体视觉在准备科学可视化的人及艺术家之间是一个常见的主题。

另一方面，计算机的使用已经模糊了摄影师、插画家、图片编辑者、手工艺人与三维建模师之间的差别。先进的可视化工具可以减少各职业之间的差异。这使得手工艺品成为计算机辅助影像制品，摄影师成为数字艺术家，插画家成为动画师。在解决视觉艺术家的专业任务时，相对于人文专业人士和科学家在图像处理的各个阶段，视觉艺术家的可视化过程和经验都是独特的。

3.5　可视化生命周期

数据可视化的重要性和存在性应在可视化生命周期中讨论。在可视化生命周期中，涉及有不同的步骤：数据来源、数据集、数据过滤和数据可视化。

❑ **数据来源**：一个海量的数据源，可以来自零售商店、社交媒体、金融部门，等等。
❑ **数据集**：可以将数据储存在数据库中。常用的数据库类型包括 XML、JSON、CSV、My SQL 等。
❑ **数据过滤**：首先，我们必须检查数据类型、数据结构和数据存储的列数。然后，我们可以使用解析、过滤、聚合和清洗来进行数据过滤，如果需要，使用数据标准化得到结构化数据。之后，我们可以为可视化工具生成一个通用的输出格式（如 CSV）。

获取结构化数据和上下文数据后，我们可以使用可视化工具生成所需的视觉效果。
下图说明了可视化生命周期。

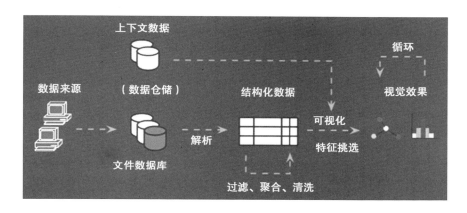

3.6　可视化不同类型的数据

D3（数据导向文件）是由斯坦福可视化小组中的 Mike Bostock 开发的一个项目。

D3 向我们提供了一个基于网页的可视化方式，它是一种部署信息的卓越方法，可以帮助我们看到例如比例、关系、相关性、模式等内容，并且可以让我们发现先前未知的事情。由于网页浏览器提供了在 PC 端、平板电脑以及智能手机等设备中应用的一个灵活、交互式的界面，D3 成了采用 HTML、JavaScript、SVG 和 CSS 的方式对数据进行可视化的有力工具。

在第 1 章中，我们看到数据可视化的重要性，在本章中，我们将展示一些案例来进一步了解 D3.js 的使用方式。在下图中，我们可以看到一个 HTML 文件的基本结构。D3 将包含在基本的脚本标签或者 JavaScript 文件（.js）中。

3.6.1　HTML

超文本标识语言（Hyper Text Markup Language，HTML）为可视化提供了基本的架构。通过一系列在 "<br/>" 中成对出现的 "<p>…</p>" 标签，一个 HTML 文件界定出整个网页的结构。D3 将充分利用 HTML 结构在文件中创造一些新的元素，例如加入新的 div 标签（这些标识界定了文件的一个段落）。在下图中我们可以看到 HTML 文件的基本结构。

```
1     <!DOCTYPE html>
2     <html>
3       <head>
4         <title> HTML Hello World </title>
5         <style>
6         body {
7           font: 10px arial;
8         }
9         </style>
10      </head>
11      <body>
12        <p> My first paragraph! </p>
13        <script>
14
15            D3 + JavaScript Code
16            . . .
17
18        </script>
19
20      </body>
21    </html>
22
```

我们在 CSS 的 <style> 标签中对可视化的基本风格进行定义。

在 <script> 标签中用 JavaScript 编写 D3 代码，这段代码将保存在 HTML 文件的 body 中。

 要了解更多关于 HTML 的完整内容，可以参考：http://www.w3schools.com/html/。

3.6.2　DOM

文档对象模型（Document Object Model，DOM）可以帮助我们重现并与 HTML 文件中的对象进行交互。通过网页元素（标签）并借助 Python 或者 JavaScript 等编程语言，可以定位和控制 DOM 树中的对象。通过元素 ID 或它的类型访问 DOM 树，D3 可以改变 HTML 文件的结构。

3.6.3　CSS

层叠样式表（Cascading Style Sheet，CSS）可以帮助我们装饰网页。CSS 的样式是基于一系列的规则和选择器的。我们可以通过选择器对一个特定的元素（标签）进行设计。一个 CSS 的例子如下所示：

```
<style>
body {
  font: 10px arial;
}
</style>
```

3.6.4　JavaScript

JavaScript 是一种动态脚本编程语言，通常应用在客户端（网页浏览器）中。所有 D3.js 代码都是采用 JavaScript 开发的。JavaScript 可以实现完整互动和实时动态更新，进而创造强大的可视化效果。在 D3.js 中通过如下所示的片段代码可以直接连接到库（通常保存在一个单独的文件中）：

```
<script src="http://d3js.org/d3.v3.min.js"></script>
```

3.6.5　SVG

可伸缩矢量图形（Scalable Vector Graphics，SVG）是一个基于 XML 矢量图像格式的二维图形。可以直接在网页中包含 SVG。SVG 提供基本的形状元素（例如长方形、直线、圆形）以及一切可以在画布上描绘的复杂线条和形状元素。D3 成功实现了 SVG 包装器。通过 D3 我们不需要直接修正 XML，相对而言，D3 提供了一个 API 来帮助我们在画布正确的位置植入一些元素（长方形、圆形、直线等）。

3.7　开始使用 D3.js

首先，在官方网站 http://d3js.org/ 下载最新的 D3 版本。

或者直接访问下面的网址：

```
<script src="http://d3js.org/d3.v3.min.js"></script>
```

在一些简单的例子中，可以直接在网页浏览器中打开 HTML 文件进行浏览。但是当需要下载一些外部数据源时，我们需要在例如 Apache、nginx 或者 IIS 等网络服务器中对文件夹进行发布。Python 为我们提供了一个通过 http.server 来运行网络服务器的简单方法，我们只需要打开那些装载 D3 文件的文件夹，然后在终端中执行如下的命令：

```
$ python3 -m http.server 8000
```

在 Windows 中，可以使用上面移除数字 3 的同样命令。

```
> python -m http.server 8000
```

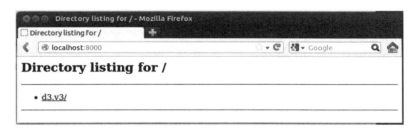

下面是来自 Mike Bostock 的参考文库中的例子，参见 https://github. com/mbostock/d3/

wiki/gallery。

本章中所有的代码和数据集都可以在作者的 GitHub 资料库中找到：https://github.com/hmcuesta/PDA_Book/tree/master/Chapter3。

3.7.1 柱状图

很有可能最常用的可视化工具就是柱状图。从下图可以看到，水平的 X 轴代表了数据分类，而垂直的 Y 轴代表了离散值。我们可以看到按照类型随机划分的 pokemon 的计数。

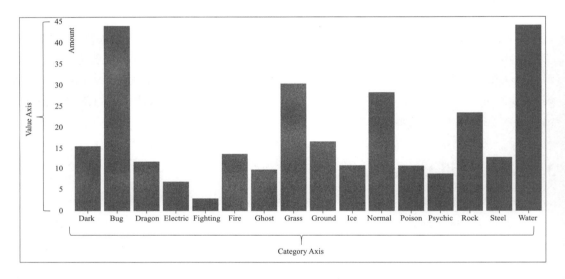

在 pokemon 游戏中离散的数据值只能够有几个特定值。在本例中，显示的是按类型分类的 pokemon 数。

在下面的例子中，我们将处理 JSON 格式的 pokemon 列表（参考第 2 章），然后我们按照类型对 pokemon 进行汇总，按照数字的升序进行排列并将文件保存为 CSV 格式。通过处理数据，我们可以通过柱状图的形式看到可视化的结果。

下面显示的是 JSON 文件（文件名称 pokemon.json）中的前三条记录：

```
[
    {
        "id": " 001",
        "typeTwo": " Poison",
        "name": " Bulbasaur",
        "type": " Grass"
    },
    {
        "id": " 002",
```

```
        "typeTwo": " Poison",
        "name": " Ivysaur",
        "type": " Grass"
    },
    {
        "id": " 003",
        "typeTwo": " Poison",
        "name": " Venusaur",
        "type": " Grass"
    },
. . . ]
```

在这个预处理阶段，我们需要使用 Python 来将 JSON 文件转化为 CSV 格式。我们将把每一种 pokemon 的具体数字相加，然后按照升序进行排列。当获得 CSV 文件后，我们将开始运用 D3.js 进行可视化。具体处理的脚本如下所示。需要导入必要的模块。

```
import json
import csv
from pprint import pprint
#Now, we define a dictionary to store the result
typePokemon = {}
#Open and load the JSON file.
with open("pokemon.json") as f:
    data = json.loads(f.read())

#Fill the typePokemon dictionary with sum of pokemon by type
    for line in data:
        if line["type"] not in typePokemon:
            typePokemon[line["type"]] = 1
        else:
            typePokemon[line["type"]]=typePokemon.get(line["type"])+1

#Open in a write mode the sumPokemon.csv file
with open("sumPokemon.csv", "w") as a:
    w = csv.writer(a)

#Sort the dictionary by number of pokemon
#writes the result (type and amount) into the csv file
    for key, value in sorted(typePokemon.items(),
    key=lambda x: x[1]):
        w.writerow([key,str(value)])

 #finally, we use "pretty print" to print the dictionary
    pprint(typePokemon)
```

整个预处理过程的结果如下表所示。每一行有两个值：pokemon 的类型和每种特定类型的数量。

类 型	数 量	类 型	数 量	类 型	数 量	类 型	数 量
Fighting	3	Poison	11	Fire	14	Normal	29
Electric	7	Ice	11	Dark	16	Grass	31
Psychic	9	Dragon	12	Ground	17	Water	45
Ghost	10	Steel	13	Rock	24	Bug	45

为了使用 D3，我们需要通过基本结构（head、style 和 body）来创建一个新的 HTML 文件。接下来，将这些样式和脚本部分包含到 HTML 文件。

在 CSS 中，可以通过轴线、字体和主体大小以及柱状图的颜色来指定样式。

```
<style>
body {
  font: 14px sans-serif;
}
.axis path,
.axis line {
  fill: none;
  stroke: #000;
  shape-rendering: crispEdges;
}
.x.axis path {
  display: none;
}
.bar {
  fill: #0489B1;
}
</style>
```

 可以在 CSS 中使用十六进制代码（例如 #0689B1）而不是常规的名字"blue"来代表颜色。在下面的链接中，可以找到颜色选择器：http://www.w3schools.com/tags/ref_colorpicker.asp。

在 body 标签中，需要引用库：

```
<body>
<script src="http://d3js.org/d3.v3.min.js"></script>
```

我们要做的第一件事情就是通过 width 和 height 定义一个新的 SVG 画布（<svg>），在 HTML 文件的 body 中设置为 1000×500 像素。

```
var svg = d3.select("body").append("svg")
    .attr("width", 1000)
    .attr("height", 500)
  .append("g")
    .attr("transform", "translate(50,20)");
```

transform 属性用于转换、旋转以及缩放元素组（g）。在这个例子中，我们需要通过 translate（"left"，"top"）来移动画布上左页边距和上页边距位置，之所以这样做是因为我们需要为 X 轴和 Y 轴标签的可视化创造一点儿空间。

现在我们需要打开 sumPokemon.csv 文件，并从中读出相应的值。然后我们将根据 CSV 文件结构创建具有两个属性 type 和 amount 的变量 data。

d3.csv 方法将执行异步请求。当数据可用时，将调用一个回调函数。在本例中，我们将对 data 列表进行迭代，然后将 amount 列转化为数值型。

```
(d.amount = +d.amount).d3.csv("sumPokemon.csv", function(error, data) {
  data.forEach(function(d) {
    d.amount = +d.amount;
  });
```

现在，我们将使用 map 函数来设定 X 轴标签（x.domain）并获得所有 pokemon 的类型名称。接下来，我们将使用 d3.max 函数来返回每个 pokemon 类型的最大值，并在 Y 轴上进行标记。

```
(y.domain).x.domain(data.map(function(d) { return d.type; }));
y.domain([0, d3.max(data, function(d) { return d.amount; })]);
```

现在我们将创建一个 SVG 组元素，通过标签 <g> 将 SVG 的元素合并在一组中。然后我们将使用 transform 函数来定义一组 SVG 元素的新坐标系统，方法是把一个转换应用于该组 SVG 元素中的每个具体坐标。

```
svg.append("g")
    .attr("class", "x axis")
    .attr("transform", "translate(0,550)")
    .call(xAxis);

svg.append("g")
    .attr("class", "y axis")
    .call(yAxis)
  .append("text")
    .attr("transform", "rotate(-90)")
    .attr("y", 6)
    .attr("dy", ".71em")
    .style("text-anchor", "end")
    .text("Amount");
```

最后，我们需要生成 .bar 元素并把它们加入 svg 中，然后对于数据中的每个值使用 data（data）函数，我们将其称为 .enter() 函数，并增加一个 rect 元素。D3 的 selectAll 函数可以帮助我们选择一组元素进行操作。

 在下面的链接中，我们可以找到更多关于选择的内容：https://github.com/mbostock/ d3/wiki/Selections。

```
....  svg.selectAll(".bar")
    .data(data)
  .enter().append("rect")
   .attr("class", "bar")
   .attr("x", function(d) { return x(d.type); })
   .attr("width", x.rangeBand())
   .attr("y", function(d) { return y(d.amount); })
   .attr("height", function(d) { return height - y(d.amount); });

}); // close the block d3.csv
```

为了看到可视化的具体结果，需要访问 http://localhost:8000/bar-char.html，结果如下图所示。

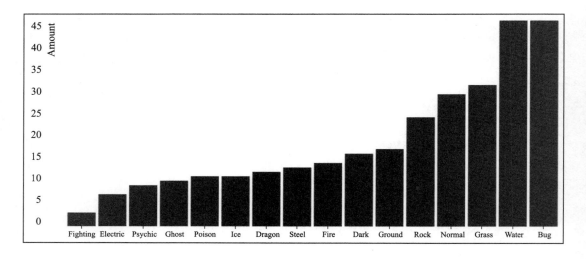

3.7.2 饼图

使用饼图的目的是表示比例。所有的楔形组成部分总和等于 1（100%）。通过饼图我们可以用更为简单的方式了解比例构成。在这个例子中，我们将使用 sumPokemon.csv 文件中未排序的 pokemons 类型列表，具体内容可以在 https://github.com/hmcuesta/PDA_Book/tree/master/Chapter3 中找到。

我们需要为标签定义字体和大小。

```
<style>
body {
  font: 16px arial;
}
</style>
```

在 body 标签中引用库：

```
<body>
<script src="http://d3js.org/d3.v3.min.js"></script>
```

首先，我们需要定义工作区域的大小（宽、高和半径）：

```
var w = 1160,
    h = 700,
    radius = Math.min(w, h) / 2;
```

现在，我们对图中所使用的一系列颜色进行设定。

```
var color = d3.scale.ordinal()
    .range(["#04B486", "#F2F2F2", "#F5F6CE", "#00BFFF"]);
```

函数 d3.svg.arc() 创建具备外半径和内半径的圆形。饼图在后面给出。

```
var arc = d3.svg.arc()
    .outerRadius(radius - 10)
    .innerRadius(0);
```

函数 d3.layout.pie() 详述了如何从关联的数据中抽取出一个对应的值。

```
var pie = d3.layout.pie()
    .sort(null)
    .value(function(d) { return d.amount; });
```

现在，我们选择 body 元素，然后创建一个新的元素 <svg>。

```
var svg = d3.select("body").append("svg")
    .attr("width", w)
    .attr("height", h)
  .append("g")
    .attr("transform", "translate(" + w / 2 + "," + h / 2 + ")");
```

接下来，我们需要打开文件 sumPokemon.csv，然后从中读取相应的值，并创建变量 data 及其对应的属性 type 和 amount。

```
d3.csv("sumPokemon.csv", function(error, data) {
  data.forEach(function(d) {
    d.amount = +d.amount;
  });
```

最后，我们需要生成 .arc 元素并将它们添加到 svg 中，随后使用函数 data(pie(data))，对于数据中每一个值调用 .enter() 函数并加入一个 g 元素。

```
var g = svg.selectAll(".arc")
    .data(pie(data))
  .enter().append("g")
    .attr("class", "arc");
```

现在我们需要对 g 组应用样式、颜色和标签。

```
g.append("path")
    .attr("d", arc)
    .style("fill", function(d) { return color(d.data.type); });
g.append("text")
    .attr("transform", function(d) { return "translate(" +    arc.
centroid(d) + ")"; })
    .attr("dy", ".60em")
    .style("text-anchor", "middle")
    .text(function(d) { return d.data.type; });
}); // close the block d3.csv
```

为了能够看到所获得的可视化结果，需要访问 http://localhost:8000/pie-char.html。具体结果如下图所示。

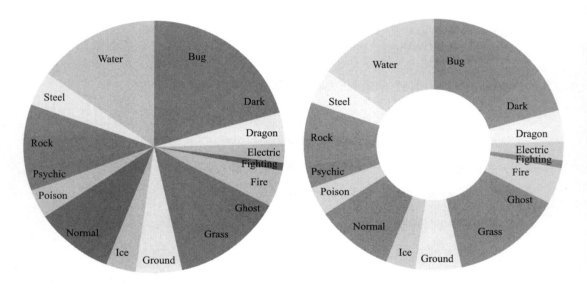

在下图中，我们可以看到包含变量属性和内部半径为 200 像素的圆圈。

```
var arc = d3.svg.arc()
    .outerRadius(radius - 10)
    .innerRadius(200);
```

3.7.3 散点图

散点图是一种基于笛卡儿空间的可视化工具，它包含了 X、Y 两个相互关联的坐标轴变量，具体的关联数值可以是值、分类或者时间。散点图让我们看到两个变量之间的关系。

在下图中，我们可以看到一个散点图，其中每一个点都对应一个 X 值和一个 Y 值。水平轴可以是分类或者时间，同时垂直坐标轴代表一个具体的值。

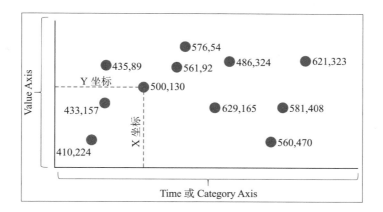

在本例中，我们在一个二维矩阵中生成了 20 个随机点（取值范围为 700×500），具体可利用 JavaScript 中的 Math.random() 函数并将结果存储在变量 data 中。

```
var data = [];
for(var i=0; i < 20; i++ ){
    var axisX = Math.round(Math.random() * 700);
    var axisY = Math.round(Math.random() * 500);
    data.push([axisX,axisY]);
}
```

现在我们选择 body 元素，并创建一个新的元素 <svg>，然后定义它的大小。

```
var svg = d3.select("body")
    .append("svg")
    .attr("width", 700)
    .attr("height", 500);
```

我们使用选择器来为 data 变量中的每一个数值创建一个圆点，并定义 X 轴为 cx，Y 轴为 cy，定义大小为 10 个像素的半径 r，然后选择颜色 fill 进行填充。

```
svg.selectAll("circle")
  .data(data)
  .enter()
  .append("circle")
  .attr("cx", function(d) {  return d[0]; })
  .attr("cy", function(d) {  return d[1]; })
  .attr("r", function(d) {  return 10;  })
  .attr("fill", "#0489B1");
```

最后，我们采用文本格式为每一个具体点创建标签，其中包括坐标轴 X 和 Y 的值。通过下面的代码段选择字体、颜色和大小。

```
svg.selectAll("text")
    .data(data)
    .enter()
    .append("text")
```

```
.text(function(d) {return d[0] + "," + d[1];  })
.attr("x", function(d) {return d[0];  })
.attr("y", function(d) {return d[1];  })
.attr("font-family", "arial")
.attr("font-size", "11px")
.attr("fill", "#000000");
```

如下图所示，我们将在网页浏览器中看到具体的散点图。

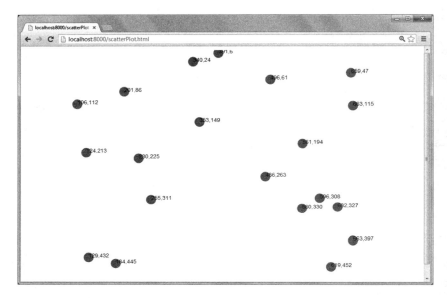

3.7.4 单线图

单线图是一种可视化工具，它把连续数据显示为通过直线连接的一系列点。与散点图相类似，单线图中的点也具有逻辑顺序并相互联系，通常呈现为时间序列的可视化。时间序列是指在规定时间周期内关于物理世界的一系列观测值。时间序列有助于展示趋势或者相关性。正如我们在下图中所看到的那样，纵轴代表了数据的值，横轴代表了时间。

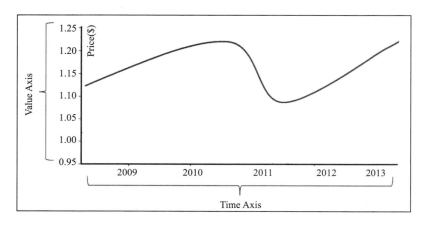

对于单线图，我们将使用从 2008 年 3 月到 2013 年 3 月美元 / 加元历史汇率的 260 个记录值。

 历史汇率记录下载地址为 http://www.oanda.com/currency/historical-rates/。

CSV 文件（line.csv）中的前 7 条记录如下所示：

```
date,usd
3/10/2013,1.0284
3/3/2013,1.0254
2/24/2013,1.014
2/17/2013,1.0035
2/10/2013,0.9979
2/3/2013,1.0023
1/27/2013,0.9973
. . .
```

我们需要为标签定义字体和大小以及为坐标轴定义样式。

```
<style>
body {
  font: 14px sans-serif;
}

.axis path,
.axis line {
  fill: gray;
  stroke: #000;
}
.line {
  fill: none;
  stroke: red;
  stroke-width: 3px;
}
</style>
```

在 body 标签中引用库：

```
<body>
<script src="http://d3js.org/d3.v3.js"></script>
```

我们将为 d3.time.format 的日期值定义一个格式解析。在本例中，日期格式具体如下：月 / 日 / 年 -%m/%d/%Y（例如，1/27/2013）。其中，%m 代表月，是从 01 到 12 的十进制数字；%d 代表日，是从 01 到 31 的十进制数字；同时 %d 是代表公元纪年的十进制数字。

```
var formatDate = d3.time.format("%m/%d/%Y").parse;
```

 更多有关时间格式的内容，可以参考 https://github.com/mbostock/d3/wiki/Time-Formatting/。

现在我们定义了 X 轴和 Y 轴，宽度和高度分别为 1000 像素和 550 像素。

```
var x = d3.time.scale()
    .range([0, 1000]);
var y = d3.scale.linear()
    .range([550, 0]);

var xAxis = d3.svg.axis()
    .scale(x)
    .orient("bottom");

var yAxis = d3.svg.axis()
    .scale(y)
    .orient("left");
```

line 元素定义了一条线段起于一点，止于另外一点。

 关于 SVG 图形的参考资料请访问：https://github.com/mbostock/d3/wiki/SVG-Shapes/。

```
...var line = d3.svg.line()
    .x(function(d) { return x(d.date); })
    .y(function(d) { return y(d.usd); });
```

现在我们选择了 body 元素，创建了元素 <svg> 并定义了其大小。

```
var svg = d3.select("body")
    .append("svg")
    .attr("width", 1000)
    .attr("height", 550)
  .append("g")
    .attr("transform", "translate("50,20")");
```

然后，我们需要打开文件 line.csv 并读取其中的值，同时创建一个包括了 date 和 usd 两个属性的变量 data。

```
d3.csv("line.csv", function(error, data) {
data.forEach(function(d) {
  d.date = formatDate(d.date);
  d.usd = +d.usd;
 });
```

我们在横坐标轴（x.domain）中定义了日期，在纵坐标轴（y.domain）中定义了汇率值 usd。

```
x.domain(d3.extent(data, function(d) { return d.date; }));
y.domain(d3.extent(data, function(d) { return d.usd; }));
```

最后我们增加了点集合以及坐标轴的标签。

```
svg.append("g")
    .attr("class", "x axis")
    .attr("transform", "translate(0,550)")
    .call(xAxis);
svg.append("g")
    .attr("class", "y axis")
    .call(yAxis)
svg.append("path")
    .datum(data)
    .attr("class", "line")
    .attr("d", line);
}); // close the block d3.csv
```

可视化后的效果如下图所示。

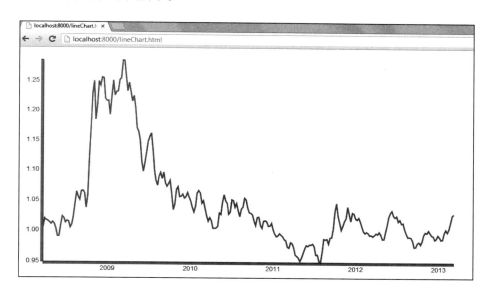

3.7.5　多线图

在单一变量中我们可以看到它的趋势，但是通常我们也需要对比多个变量甚至找出其中的关联性或者群集的趋势。在本例中，我们将对上面的案例进行拓展并说明多线图的具体实现。在本例中，我们用到的数据涉及美元、欧元以及英镑的历史汇率。

　关于历史交易汇率记录的内容，下载地址为 http://www.oanda.com/currency/historical-rates/。

CSV 文件（multilline.csv）中前面 5 条记录的具体内容如下：

```
date,USD/CAD,USD/EUR,USD/GBP
03/10/2013,1.0284,0.7675,0.6651
03/03/2013,1.0254,0.763,0.6609
2/24/2013,1.014,0.7521,0.6512
```

```
2/17/2013,1.0035,0.7468,0.6402
02/10/2013,0.9979,0.7402,0.6361
. . .
```

我们需要为标签定义字体和大小以及为坐标轴定义样式。

```
<style>
body {
  font: 18px sans-serif;
}
.axis path,
.axis line {
  fill: none;
  stroke: #000;
}
.line {
  fill: none;
  stroke-width: 3.5px;
}
</style>
```

在 body 标签中引用库：

```
<body>
<script src="http://d3js.org/d3.v3.js"></script>
```

我们将为 d3.time.format 的日期值定义一个格式解析器。在本例中，数据格式具体如下：月／日／年 -%m/%d/%Y（例如，1/27/2013）。

```
var formatDate = d3.time.format("%m/%d/%Y").parse;
```

现在我们定义 X 和 Y 轴的宽度和高度分别为 1000 像素和 550 像素。

```
var x = d3.time.scale()
    .range([0, 1000]);
var y = d3.scale.linear()
    .range([550, 0]);
```

同时，我们为每一条线定义颜色数组。

```
var color = d3.scale.ordinal()
    .range(["#04B486", "#0033CC", "#CC3300"]);

var xAxis = d3.svg.axis()
    .scale(x)
    .orient("bottom");

var yAxis = d3.svg.axis()
    .scale(y)
    .orient("left");
```

```
var line = d3.svg.line()
    .interpolate("basis")
    .x(function(d) { return x(d.date); })
    .y(function(d) { return y(d.currency); });
```

现在我们选择 body 元素并创建一个新的元素 <svg> 并定义它的大小。

```
var svg = d3.select("body")
    .append("svg")
    .attr("width", 1100)
    .attr("height", 550)
  .append("g")
    .attr("transform", "translate("50,20")");
```

然后，我们打开文件 multiline.csv，从中读出相应数值并建立包含 date 和 Color. domain 两个属性的变量 data。

```
d3.csv("multiLine.csv", function(error, data) {
  color.domain(d3.keys(data[0]).filter(function(key)
{return key !== "date"; }));
```

现在，我们对所有 date 列应用 format 函数。

```
data.forEach(function(d) {
  d.date = formatDate(d.date);
});
```

然后我们将 currencies 定义为不同的数组并对应不同颜色的线。

```
var currencies = color.domain().map(function(name) {
  return {
    name: name,
    values: data.map(function(d) {
      return {date: d.date, currency: +d[name]};
    })
    };
  });

  x.domain(d3.extent(data, function(d) { return d.date; }));
  y.domain
([d3.min(currencies, function(c) { return d3.min(c.values,
function(v) { return v.currency; }); }),
  d3.max(currencies, function(c) { return d3.max(c.values, function(v)
{ return v.currency; }); })
  ]);
```

现在，我们为每一条线添加点集合以及颜色和标签。

```
svg.append("g")
```

```
        .attr("class", "x axis")
        .attr("transform", "translate(0,550)")
        .call(xAxis);
svg.append("g")
        .attr("class", "y axis")
        .call(yAxis)
var country = svg.selectAll(".country")
        .data(currencies)
    .enter().append("g")
        .style("fill", function(d) { return color(d.name); })
        .attr("class", "country");
```

最后，我们将图例增加到多线图中。

```
country.append("path")
        .attr("class", "line")
        .attr("d", function(d) { return line(d.values); })
        .style("stroke", function(d) { return color(d.name); });
country.append("text").datum(function(d)
{ return {name: d.name, value:  d.values[d.values.length - 1]}; })
        .attr("transform", function(d) {
return "translate("+ x(d.value.date)+","+ y(d.value.currency)+")";
 })
        .attr("x", 10)
        .attr("y", 20)
        .attr("dy", ".50em")
        .text(function(d) { return d.name; });
}); // close the block d3.csv
```

可视化的结果如下图所示。

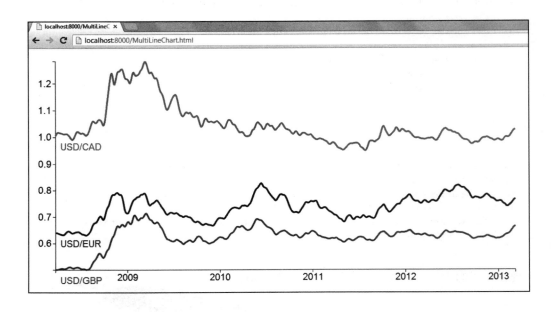

3.8 交互与动画

D3 为交互、转变以及动画提供有效的支撑。在本例中，我们将关注向可视化结果中增加转化以及交互的基本方法。这一次，我们将使用一段与前面柱状图非常相似的代码来展示在可视化结果中增加交互是一件多么简单的事情。

我们需要为标签定义大小和字体以及为坐标轴定义样式。

```
<style>
body {
  font: 14px arial;
}
.axis path,
.axis line {
  fill: none;
  stroke: #000;
}
.bar {
  fill: gray;
}
</style>
```

在 body 标签中引用库：

```
<body>
<script src="http://d3js.org/d3.v3.min.js"></script>
var formato = d3.format("0.0");
```

现在，我们定义 X 轴和 Y 轴的宽度和高度分别为 1200 像素和 550 像素。

```
var x = d3.scale.ordinal()
    .rangeRoundBands([0, 1200], .1);

var y = d3.scale.linear()
    .range([550, 0]);

var xAxis = d3.svg.axis()
    .scale(x)
    .orient("bottom");

var yAxis = d3.svg.axis()
    .scale(y)
    .orient("left")
    .tickFormat(formato);
```

现在我们选择 body 元素，然后创建一个新的元素 <svg> 并定义它的大小。

```
var svg = d3.select("body").append("svg")
    .attr("width", 1200)
```

```
    .attr("height", 550)
  .append("g")
    .attr("transform", "translate(20,50)");
```

然后，我们需要打开 TSV 文件 sumPokemons.tsv，从中读取相应的值，创建具有 type 和 amount 属性的变量 data。

```
d3.tsv("sumPokemons.tsv", function(error, data) {
  data.forEach(function(d) {
    d.amount = +d.amount;
  });
```

通过 map 函数我们获得了水平坐标轴（x.domain）的分类值（pokemon 的类型），并将不同类型的最大值获取出来用于界定垂直坐标轴（y.domain）的最大值（避免重复值的出现）。

```
x.domain(data.map(function(d) { return d.type; }));
y.domain([0, d3.max(data, function(d) { return d.amount; })]);
```

现在，我们将要创建一个 SVG 组元素，它用来将 SVG 中元素用标签 <g> 组合在一起。然后，我们对每个坐标轴中的具体 SVG 元素坐标应用统一的转化（transform 功能），进而生成一个新的坐标系统。

```
svg.append("g")
    .attr("class", "x axis")
    .attr("transform", "translate(0," + height + ")")
    .call(xAxis);

svg.append("g")
    .attr("class", "y axis")
    .call(yAxis)
```

现在，我们需要生成 .bar 元素并将这些元素添加到 SVC 中。然后，对于数据中的每个值使用 data（data）函数，这里将其称为 .enter() 函数，并增加一个 rect 元素。D3 可以让我们通过 selectAll 函数来选择一组元素进行操作。

如果我们想要强调任何一个柱时，可以通过点击的方式实现。首先，我们需要通过 .on（'click'，function）定义一个点击事件。然后为通过 .style（'fill'. 'read'）突出显示的柱定义更改的样式。在下图中，我们将看到突出显示的 Bug、Fire、Ghost 以及 Grass 柱。最后，我们将看到一个简单动画，它使用了转换函数 transition().delay 来延迟动画以便在不同柱形之间分别展示。

 关于筛选的具体功能可参考 https://github.com/mbostock/d3/wiki/Selections/。

```
svg.selectAll(".bar")
    .data(data)
```

```
  .enter().append("rect")
   .on('click', function(d,i) {
  d3.select(this).style('fill','red');
})
  .attr("class", "bar")
  .attr("x", function(d) { return x(d.type); })
```

 生成一个完整的转换过程的相关资料，可参考 https://github.com/mbostock/d3/wiki/
Transitions/。

```
  .attr("width", x.rangeBand())
  .transition().delay(function (d,i){ return i * 300;})
   .duration(300)
  .attr("y", function(d) { return y(d.amount); })
  .attr("height", function(d) { return 550 - y(d.amount);})
   ;
}); // close the block d3.tsv
```

 关于本章的所有代码以及数据集请参考作者的 GitHub 资料库，访问地址为：https://
github.com/hmcuesta/PDA_Book/tree/master/Chapter3。

具体的可视化效果如下图所示。

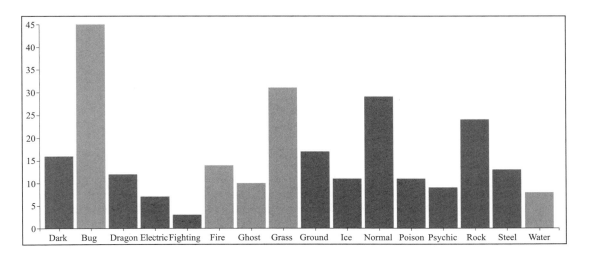

3.9　社交网络中的数据

社交网络代表了一种新颖且重要的信息来源。从公共事件、兴趣点、城市信息中不断
增加的大量数据，在网上皆可获得。大量由用户生成的内容或信息都可以在社交网络上取
得。随着注册用户数量的不断增加，工业和学术在社交网络上的研究范围也随之增加，研

究针对不同的目的，如市场营销、工作负载特征化、网络使用情况的了解及预测，以及为支持未来以网络为基础的服务确定所面临的挑战。

可以从社交网络收集尽可能多的信息或内容，用于不同的情况，从市场营销到情报。但是，主要挑战是从社交网络（与其他基于因特网的源相关）收集数据或信息。鉴于社交网络的规模与复杂度会有所不同。

从社交网络中提取数据，需要基于不同的信息对于用户人数进行探索，如评论、上传 / 下载、评分及和其他用户的关联性。在此列出一些文献其中涉及从社会网络中提取数据的技术：

- ❑ 网络流量分析 [Gill 等人（2007）；Nazir 等人（2009）]
- ❑ 即席应用 [Nazir 等人（2008）]
- ❑ 用户图爬虫 [Mislove 等人（2007）；Cha 等人（2008）；Lerman（2007）；Cqha 等人（2009）]

3.10 可视化分析的摘要

视觉分析可以看作一种完整的方法，它结合了可视化、数据分析和人为因素。为了获得数据的信息，可视分析过程结合可视化分析方法和通过人机交互的自动化流程。在很多应用程序方案中，在各种各样的数据源集成整合后，都应用了可视化或自动分析方法。因此，在执行可视化析之前我们应该清洗、规范化和整合各种各样的数据。在数据清洗后，分析师可以选择可视化分析方法。在此，通过调整参数或是选择其他分析算法，可视化帮助分析师理解自动方法。最后，模型可视化可以用于研究生成模型的结果。

3.11 小结

可视化是在数据集中发现频繁模式或者关系的有效方式。在本章中，我们介绍了一组通过 D3.js 框架来实现的基本图形。其中，我们讨论了针对离散数据和连续数据最常用的可视化技术。我们探索了变量之间的关系并展示了变量如何随着时间的变化而变化。同样地，我们介绍了如何整合一些基本的用户交互和简单动画效果。

最后，我们也讨论了从社交网络中提取数据并概述可视化分析及使用，在随后的章节中也会涵盖相关内容。

在下一章中，借由机器学习算法及可视化工具，我们会介绍多样的数据分析项目。

第 4 章 *Chapter 4*

文本分类

本章首先对文本分类进行了简要介绍，随后提供了一个朴素贝叶斯算法的案例，通过案例由浅入深地介绍如何将一个方程转化为编程代码。

本章将涵盖以下主题：

❑ 学习和分类
❑ 贝叶斯分类
❑ 朴素贝叶斯算法
❑ E-mail 主题测试器
❑ 数据
❑ 算法
❑ 分类器的准确性

4.1 学习和分类

当想要自动识别每一个具体的值隶属于哪个分类时，我们需要执行一个算法，基于之前的数据，它能够帮助我们预测出该值最可能隶属于哪个分类。这就是所谓的分类（classification）。按照 Tom Mitchell 的说法：

我们如何能够建设一套计算机系统能够让我们运用已有经验进行自动改善，以及管理全部学习流程的基础原则又是什么？

在这里的关键词是学习（这里指有监督的学习），以及如何训练一个算法来识别分类元素。常用的案例包括**垃圾邮件分类**、**演讲识别**、**搜索引擎**、计算机视觉以及语言识别。但是对于分类器的应用还有很多。我们可以找到分类中的两类问题：**二元分类**和**多类别分类**，其中二元分类是指我们拥有且只拥有两种类别（垃圾邮件和非垃圾邮件）；多类别分类是指包含多种类型类别的分类（例如，观点可以是积极的、中立的、负面的等）。我们可以找到一些算法用于分类，最常用的算法是**支持向量机**、**神经网络**、**决策树**、**朴素贝叶斯**以及**隐马尔科夫模型**。在本章中，我们将完成一个使用朴素贝叶斯算法的概率分类，在后续章节中，我们将通过一系列其他类型的算法来解决不同的问题。

在有监督的分类中我们通常包括下面几个步骤，如下图所示。首先，我们将收集训练集数据（预分好类的数据），然后我们将执行特征提取（用于分类的相关特征），其次，我们将通过特征向量训练算法。一旦我们获得了训练好的分类器，可以插入新的字符串，提取它们的特征，然后将这些特征送入分类器。最后，分类器将帮助我们为新的字符串提供一个最有可能的分类结果。

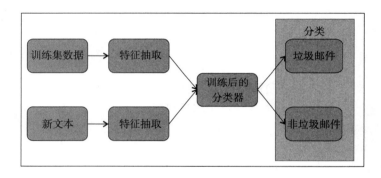

另外，我们将使用一个手工分类测试集，用于测试分类器的准确性。由此，我们将数据划分为两类：训练集数据和测试集数据。

4.2 贝叶斯分类

概率分类是一种实用的基于数据进行推论的方法，通过使用概率推论来找到给定值所对应的最佳分类。根据概率分布，我们可以通过最大概率值来确定最佳的选项。贝叶斯定理是获得推论的基本准则。贝叶斯定理让我们能够根据新的数据或观测值来及时更新事件发生的可能性。换句话说，它让我们将先验概率 P(A) 更新为后验概率 P（A|B）。先验概率是指在数据被评估之前所能够获得的最大可能概率，后验概率是指在数据被考虑之后所得到的概率。下面的公式是贝叶斯定理的具体表达式。

$$P(A|B) = \frac{P(B|A)P(A)}{P(B)}$$

$P(A|B)$ = 在考虑 B 的情况下 A 发生的条件概率

朴素贝叶斯算法

朴素贝叶斯是所有贝叶斯分类算法中最简单的一种分类算法。这个算法是在 A 与 B 两个属性相互独立假设的基础上来获得所需要的概率，这也是为什么模型被定义为一个独立的特征模型。朴素贝叶斯广泛使用在文本分析中，因为这种算法可以简单有效地加以训练。在朴素贝叶斯算法中，如果我们已经知道了在 A 的前提下，B 的可能性（计为 P（B|A），以及 A 本身的可能性（计为 P（A））和 B 本身的可能性 P（B），那么我们可以计算在 B 的前提下，条件 A 的可能性（计为 P（A|B））。

4.3 E-mail 主题测试器

E-mail 主题测试器是一个简单的程序，它让我们可以定义一个邮件的主题属于垃圾邮件或者非垃圾邮件。在本章中，我们会从头开始利用编程开发出朴素贝叶斯分类器。所涉及案例将利用简单的编程脚本来确定主题所涉内容为垃圾邮件或者非垃圾邮件。它的实现主要是通过将主题分解为相关字列表，然后在算法中输入这些特征向量。为了实现这样的目标，我们将使用 SpamAssassin 公共数据集。SpamAssassin 包括了三个类别：垃圾邮件、非垃圾邮件和疑似垃圾邮件。在本案例中，我们将创建一个二元分类器，其中包括了两种类别：垃圾邮件和非垃圾邮件。

在分类器中我们可以使用如下特征进行判断，分别是优先级、语言、大写字母的使用。为方便起见，我们使用包含三个以上字母的单词所出现的频率，并避免使用类似 The 和 RT 这样的单词来训练算法。

通过运用贝叶斯规则，将单词及分类输入如下方程：

$$P(word \mid category) = \frac{P(category \mid word)\, P(word)}{P(category)}$$

 更多关于概率分布的信息可以参考如下链接：http://en.wikipedia.org/wiki/Probability_distribution。

这里，我们划分两个类别，它们分别代表了主题内容是垃圾邮件或者非垃圾邮件。我们需要将文本分解为具体的单词列表，进而获得每个单词属于垃圾邮件的可能性。一旦我们判断出每个单词所述类别的概率，那么我们只需要将这些概率相乘就可以获得每个类别的概率，具体如下面的方程所示：

$$P(category \mid word_1,\ word_2,\ ...,\ word_n) = P(category) x \pi_i P(word \mid category)$$

也就是说，我们需要将主题中每个单词的可能概率 P（word | category）与每一类的 P（category）相乘。

为了训练算法，我们需要提供一些先验的案例。在本例中，我们将使用 training() 函数并使用主题字典及分类，具体如下所示。

```
Re: Tiny DNS Swap, nospam
Save up to 70% on international calls!, nospam
[Ximian Updates] Hyperlink handling in Gaim allows arbitrary code to be
executed, nospam
Promises., nospam
Life Insurance - Why Pay More?, spam
[ILUG] Guaranteed to lose 10-12 lbs in 30 days 10.206, spam
. . .
```

4.4　数据

在 http://spamassassin.apache.org/ 中可以找到垃圾邮件数据集。非垃圾邮件文件夹中包括 2551 个文件。

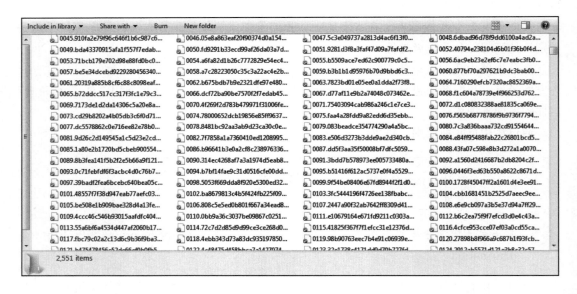

垃圾文本看起来同下图所示内容非常相似，也可能包含着 HTML 标志和纯文本。在本例中，我们只针对主题中的信息，所以我们需要写一段代码并从文件中获得相应的主题。

本例为我们展示了如何使用 Python 预处理 SpamAssassin 数据，进而从 E-mail 中获得所有的主题。

首先，我们需要导入 os 模块，通过使用 listdir 函数从 \spam 和 \easy_ham 文件中获得文件名称列表。

```
import os
files = os.listdir(r" \spam")
```

```
1    From smilee1313@eudoramail.com  Mon Aug 26 18:32:20 2002
2  ⊟Return-Path: <smilee1313@eudoramail.com>
3    Delivered-To: zzzz@localhost.spamassassin.taint.org
4    Received: from localhost (localhost [127.0.0.1])
5        by phobos.labs.spamassassin.taint.org (Postfix) with ESMTP id 4ABDD43F9B
6  ⊟    for <zzzz@localhost>; Mon, 26 Aug 2002 13:32:20 -0400 (EDT)
7    Received: from mail.webnote.net [193.120.211.219]
8        by localhost with POP3 (fetchmail-5.9.0)
9        for zzzz@localhost (single-drop); Mon, 26 Aug 2002 18:32:20 +0100 (IST)
10    Received: from proxy-server.argogroupage.gr (mail.argogroupage.gr [195.97.102.134])
11        by webnote.net (8.9.3/8.9.3) with ESMTP id SAA27069
12  ⊟    for <zzzz@spamassassin.taint.org>; Mon, 26 Aug 2002 18:30:18 +0100
13  ⊟Message-Id: <200208261730.SAA27069@webnote.net>
14    Received: from smtp0291.mail.yahoo.com (210.83.114.125 [210.83.114.125]) by proxy-s
15        id QP7CPKKZ; Sat, 24 Aug 2002 02:20:16 +0300
16    Date: Sat, 24 Aug 2002 07:08:34 +0800
17  ⊟From: "Jeannie Quiroz" <smilee1313@eudoramail.com>
18    X-Priority: 3
19    To: zzzz@netcomuk.co.uk
20    Cc: zzzz@spamassassin.taint.org, yyyy@netvision.net.il, yyyy@nevlle.net,
21        zzzz@news4.inlink.com
22    Subject: zzzz,Increase your breast size. 100% safe!
23    Mime-Version: 1.0
24    Content-Type: text/plain; charset=us-ascii
25    Content-Transfer-Encoding: 7bit
26
27    ==================================
28
29    Guaranteed to increase, lift and firm your
30    breasts in 60 days or your money back!!
31
32    100% herbal and natural.  Proven formula since
33    1996.  Increase  your bust by 1 to 3 sizes within 30-60
34    days and be all natural.
35

Hyper Text Markup Language file                              length : 2118  lines : 57
```

我们将使用一个新的文件来存储主题和分类（包括垃圾邮件或非垃圾邮件），但是这一次我们使用 "," 作为分隔符。

```
with open("SubjectsSpam.out","a") as out:
    category = "spam"
```

现在，我们将对每个文件进行解析并获得主题。最后，我们将主题和分类写到新的文件中，并删除主题中所有的 ","以避免转换成 CSV 格式时的问题。

```
for fname in files:
    with open("\\spam" + fname) as f:
        data = f.readlines()
        for line in  data:
            if line.startswith("Subject:"):
                line.replace(",", "")
                print(line)
                out.write("{0}, {1} \n".format(line[8:-1], category))
```

我们使用 line[8:−1] 来避免 " subject ： "（8 个字节长）的单词的出现，并在这一行的（−1）处开始进行分析。

具体的输出结果如下：

```
>>>Hosting from ?6.50 per month
>>>Want to go on a date?
>>>[ILUG] ilug,Bigger, Fuller Breasts Naturally In Just Weeks
>>> zzzz Increase your breast size. 100% safe!
...
```

同时，我们将垃圾邮件和非垃圾邮件保存在不同的文件中，并对不同的训练集和测试集的大小进行平衡。通常，训练集中的数据越多意味着算法的精确度越高，但是如果这样我们将需要找到训练集和测试集之间的最优平衡点。

 所有的代码和本章的相关内容都可以在作者的 GitHub 资料库中找到，具体地址为：https://github.com/hmcuesta/PDA_Book/tree/master/Chapter4。

4.5 算法

我们将使用 list_words() 函数来获得一组独特的单词，这些单词包括了更多的三字节长的单词并且都是小写格式：

```
def list_words(text):
    words = []
    words_tmp = text.lower().split()
    for w in words_tmp:
        if w not in words and len(w) > 3:
            words.append(w)
    return words
```

 更多关于高级术语文档矩阵（term-document matrix）的信息，我们可以使用 Python 的 textmining 工具包，具体地址为 https://pypi.python.org/pypi/textmining/1.0。

training() 函数创建了一组变量来存储分类所需要的数据。其中，c_words 变量是一个包含了特定单词和按分类每个单词在文件中出现频率等信息的数据字典。c_categories 保存了每个类别以及每个类别中所含文件的数量的数据字典。最后，c_text 和 c_total_words 分别保存了所有的文本和单词。

```
def training(texts):
    c_words ={}
    c_categories ={}
    c_texts = 0
```

```
c_total_words =0
#add the classes to the categories
for t in texts:
    c_texts = c_texts + 1
    if t[1] not in c_categories:
        c_categories[t[1]] = 1
    else:
        c_categories[t[1]]= c_categories[t[1]] + 1

#add the words with list_words() function
for t in texts:
    words = list_words(t[0])

    for p in words:
        if p not in c_words:
            c_total_words = c_total_words +1
            c_words[p] = {}
            for c in c_categories:
                c_words[p][c] = 0
        c_words[p][t[1]] = c_words[p][t[1]] + 1

return (c_words, c_categories, c_texts, c_total_words)
```

classifier() 函数应用了贝叶斯规则并将主题划分为两种类别：垃圾邮件或者非垃圾邮件。该函数同时也需要用到 training() 函数中的 4 个变量。

```
def classifier(subject_line, c_words, c_categories, c_texts, c_tot_words):
    category =""
    category_prob = 0

    for c in c_categories:
        #category probability
        prob_c = float(c_categories[c])/float(c_texts)
        words = list_words(subject_line)
        prob_total_c = prob_c
        for p in words:
            #word probability
            if p in c_words:
                prob_p= float(c_words[p][c])/float(c_tot_words)
                #probability P(category|word)
                prob_cond = prob_p/prob_c
                #probability P(word|category)
                prob =(prob_cond * prob_p)/ prob_c
                prob_total_c = prob_total_c * prob

        if category_prob < prob_total_c:
            category = c
            category_prob = prob_total_c
    return (category, category_prob)
```

最后，我们将读取 training.csv 文件，它包括了训练集，即 100 个垃圾邮件主题和 100 个非垃圾邮件主题：

```
if __name__ == "__main__":
    with open('training.csv') as f:
        subjects = dict(csv.reader(f, delimiter=','))
    words,categories,texts,total_words = training(subjects)
```

现在，我们来检查是否所有的内容都正常运转，我们通过一个主题对分类器进行测试。

```
clase = classifier("Low Cost Easy to Use Conferencing"
                    , words,categories,texts,total_words)

print("Result: {0} ".format(clase))
```

我们可以在python控制台中看到结果，从而判断到目前为止分类器运转正常。

```
>>> Result: ('spam', 0.18518518518518517)
```

我们可以看到朴素贝叶斯分类器的完整代码，具体如下：

```
import csv
def list_words(text):
    words = []
    words_tmp = text.lower().split()
    for p in words_tmp:
        if p not in words and len(p) > 3:
            words.append(p)
    return words

def training(texts):
    c_words ={}
    c_categories ={}
    c_texts = 0
    c_tot_words =0
    for t in texts:
        c_texts = c_texts + 1
        if t[1] not in c_categories:
            c_categories[t[1]] = 1
        else:
            c_categories[t[1]]= c_categories[t[1]] + 1

    for t in texts:
        words = list_words(t[0])

    for p in words:
        if p not in c_words:
            c_tot_words = c_tot_words +1
            c_words[p] = {}
            for c in c_categories:
                c_words[p][c] = 0
        c_words[p][t[1]] = c_words[p][t[1]] + 1

    return (c_words, c_categories, c_texts, c_tot_words)


def classifier(subject_line, c_words, c_categories, c_texts, c_tot_words):
    category =""
```

```
        category_prob = 0

        for c in c_categories:
            prob_c = float(c_categories[c])/float(c_texts)
            words = list_words(subject_line)
            prob_total_c = prob_c
            for p in c_words:
                if p in words:
                    prob_p= float(c_words[p][c])/float(c_tot_words)
                    prob_cond = prob_p/prob_c
                    prob =(prob_cond * prob_p)/ prob_c
                    prob_total_c = prob_total_c * prob

                if category_prob < prob_total_c:
                    category = c
                    category_prob = prob_total_c
        return (category, category_prob)

if __name__ == "__main__":

    with open('training.csv') as f:
        subjects = dict(csv.reader(f, delimiter=','))

    w,c,t,tw = training(subjects)
    clase = classifier("Low Cost Easy to Use Conferencing"
                        ,w,c,t,tw)
    print("Result: {0} ".format(clase))
```

最后，我们执行分类器与测试集，以证明正确性。我们将会测试 100 个新记录并正确地获取新的分类案例号码。

```
with open("test.csv") as f:
    correct = 0
    tests = csv.reader(f)
    for subject in test:
        clase = classifier(subject[0],w,c,t,tw)
        if clase[1] =subject[1]:
        correct += 1
    print("Efficiency : {0} of 100".format(correct))
```

4.6 分类器的准确性

现在我们需要采用更大的测试集对分类器的准确性进行测试。这里，我们将随机筛选 100 个主题，其中包括了 50 封垃圾邮件和 50 封非垃圾邮件。最后，我们将统计分类器所选择的正确分类的次数。

```
with open("test.csv") as f:
    correct = 0
    tests = csv.reader(f)
    for subject in test:
        clase = classifier(subject[0],w,c,t,tw)
```

```
        if clase[1] =subject[1]:
     correct += 1
    print("Efficiency : {0} of 100".format(correct))
```

本例中，分类器的效果是 82%：

>>> Efficiency: 82 of 100

 我们可以在资料库中找到朴素贝叶斯分类器的框实现，例如用于 Python 的 NLTK 工具包中的 Naive Bayes Classifier 函数。NLTK 提供了一个强大的自然语言工具集，可以从 http://nltk.org 下载。

在第 1 章中，我们展示了一个更加成熟的朴素贝叶斯分类器用于执行情感分析。

在本例中，我们将找到对于训练集的一个最优界限值。我们将尝试一组不同数字的随机主题。在下图中，我们可以看到 7 个测试中的 4 个结果以及相应算法的分类准确性。在所有的案例中，我们所使用的测试集都只包含 100 个样本，同时每一个种类中都只有相同数量的 E-mail 主题。

下面是 4 个测试的具体结果：

测试 1：一个测试集中含有 200 个样本，准确率为 82%

测试 2：一个测试集中含有 300 个样本，准确率为 85%

测试 5：一个测试集中含有 500 个样本，准确率为 87%

测试 7：一个测试集中含有 800 个样本，准确率为 92%

在下图中，我们可以看到，对于特定的例子而言，准确率的最大值是 92%，此时文件训练集的最优大小为 700。超过 700 个文件的训练集，其分类器的准确性并没有得到明显提升。

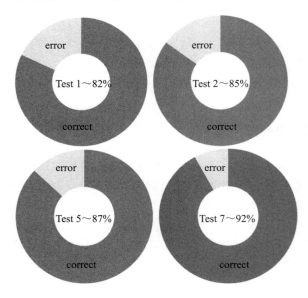

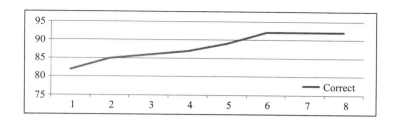

4.7 小结

在本章中，我们创建了一个基本的但是却非常实用的 E-mail 主题测试器。本章还提供了一组代码指导大家在没有外部资料的情况下，对基础的贝叶斯分类器进行编程，进而进一步说明机器学习算法是一个非常简单的编程方式。我们同时定义了训练集的最优界限值可以达到的精确度为 92%，这对于一个基础案例而言已经是一个比较好的结果了。

在后续章节中，我们将引入更多复杂的机器学习算法，使用 mlpy 库，以及也将展示如何提炼更为成熟特征的技术。

Chapter 5 | 第 5 章

基于相似性的图像检索

我们经常进行操作的大部分数据为图像、绘画以及照片。在本章中，我们将在没有任何元数据或概念图像索引的情况下，执行**基于相似性的图像检索**（similarity-basedimage retrieval）。我们将使用距离测度和动态规整来锁定最为相似的图像。

本章将涵盖以下主题：

- ❏ 图像相似性搜索
- ❏ 动态时间规整
- ❏ 处理图像数据集
- ❏ 执行 DTW
- ❏ 结果分析

5.1 图像相似性搜索

随着物联网及自动化机器人的出现，从数据库中比较图像的能力是其了解内容的基础。想象一下，一个载有摄像头的自动化机器人或是无人机，找寻一个红色的包或是一幅广告。这种任务需要图像搜索但是却没有任何类型的相关的元数据。基于此，找寻的不是相同处，而是相似度。

当比较两个或更多的图像时，我们所能够想到的第一个问题是什么决定了一个图像和另外的图像相似？我们可以说如果两个图像的像素匹配，那么一个图像就和其他图像一样。然而，相机光线、角度或者转角的任何一个小小变动都将导致像素值的巨大变化。找到一种方式能够识别图像的相似性是 Google 图像或者 TinEye 等公司目前最关注的服务，这种服务可以让用户上传一个图像来描述他们的搜索标准而不是通过关键词或者描述的方式。

人类拥有自然机制来识别模式及相似性。在内容层面或者对称性方面对比图像是一个难度很大的问题，它也是计算机视觉、图像处理和模式识别领域中非常活跃的研究领域。我们可以采用矩阵方式来代表一个图像（二维数组），这样矩阵中的每一个点位代表了图像的密度或者颜色。然而，光线、相机角度以及转动的任何一点儿变化都意味着矩阵的大量变动。接下来我们面对的问题就是如何测量两个矩阵之间的相似性。为了说明这些问题，数据分析过程采用一系列**基于内容的图像检索工具**（Content-Based Image Retrieval，CBIR），例如小波对比、傅里叶分析或者基于神经网络的模式识别等。然而，这些方法会导致大量图像信息遗失，或者需要通过大量类似于神经网络的训练过程。最常用的方法是**基于描述的图像检索**，它采用与元数据相关联的图像，但需要将这些内容保存在一组未知数据集中，这种方法效果欠佳。

在本章中，我们使用一种不同的方法，即利用时间序列的**弹性匹配方法**。这种方法广泛地使用在声音识别和时间序列对比方面。为了清晰表达本章的内容，我们将像素序列看成时间序列。关键在于将图像的像素转化为一组数字序列，具体如下图所示。

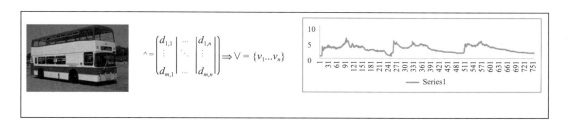

5.2　动态时间规整

动态时间规整（Dynamic Time Warping，DTW）是在模式识别中使用的一种弹性匹配算法。动态时间规整在两个时间序列中找到最优的规整路径。动态时间规整经常在演讲识别、数据挖掘、机器人以及本章所涉及的图像相似性等内容中用于距离测量。

距离刻度用于衡量点 A 和点 B 在地里空间上的距离。我们通常使用欧氏距离的方式在两点之间画上一条直线。在下面的图形中，我们可以看到点 A 和点 B 之间不同类型的联通方式，例如箭头所表示的欧氏距离；但同时我们也可以看到用虚线表示的曼哈顿距离，它用来模拟出租车在纽约楼群中移动的路线。

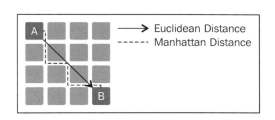

动态时间规整用来定义两个时间序列分类的相似性，在本例中，我们将对像素序列执行同样的度量。可以这样说，如果 A 序列和 B 序列间的距离很小，那么这两个图像就是相似的。我们将使用两个序列之间的**曼哈顿距离**获得距离平方和。然而，我们也可以使用诸如**闵可夫斯基**或者**欧几里得距离**等其他方法进行距离的度量，视具体问题而定。

 距离度量是在出租车算法中形成的，由 Hermann Minkowski 提出。更多的信息可以访问 http://taxicabgeometry.net/。

在下图中我们可以观察到两个时间序列的具体规整。

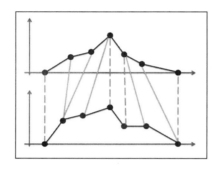

本章中所采用的例子将使用 mlpy，它是 Python 中关于机器学习的模块，构建在 numPy 和 sciPy 之上。其中 mlpy 库所执行的动态时间规整的版本地址为 http://mlpy.sourceforge.net/docs/3.4/dtw.html。

在 Hansheng Lei 和 Venu Govindaraju 所撰写的《利用动态规整进行直接图像匹配》(Direct Image Matching by Dynamic Warping) 一文中，执行了动态时间规整方法进行图像匹配，找到了一种像素对像素的最优对应方式，并证明了动态时间规整是一种完成任务的成功方法。

在下图中，我们可以看到一个成本矩阵，它具备最小距离规整路径，可以通过这个路径来寻求对最优对齐方式的实现。

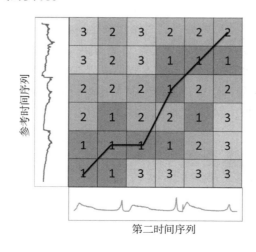

第二时间序列

5.3　处理图像数据集

本章中所使用的图像集是 Caltech-256，是从 CALTECH 的计算视觉实验室中获取到的。我们可以从那儿获取到所有的 30 607 个图像以及 256 种分类，地址为 http://www.vision.caltech.edu/Image_Datasets/Caltech256/。

为了执行动态时间规整，首先我们需要将时间序列（像素序列）从每个图像中抽取出。每个图像的时间序列将拥有一个长度值为 768 且在每个值中加入一组值为 256 的 RGB（红、绿、蓝）颜色模型。下列代码实现了 Image.open（"image.jpg"）函数，并将其转化为一个数组，然后将三个颜色矢量形成如下列表：

```
from PIL import Image
img = Image.open("Image.jpg")
arr = array(img)
list = []
for n in arr: list.append(n[0][0]) #R
for n in arr: list.append(n[0][1]) #G
for n in arr: list.append(n[0][2]) #B
```

 Pillow 是由 Alex Clark 所创作的 PIL 的一个分支，与 Python2.x 和 3.x 兼容。PIL 是 Fredrik Lundh 所编写的 Python Imaging Library。在本章中，考虑到与 Python3.2 兼容的因素，我们将使用 Pillow，具体下载地址为 https://github.com/python-imaging/Pillow。

5.4　执行 DTW

在下面的例子中，我们将关注 8 个类别中的 684 个图像的相似性。我们将使用 PIL、numpy、mlpy 以及 collections 的 4 个导入结果。

```
from PIL import Image
from numpy import array
import mlpy
from collections import OrderedDict
```

首先，我们将获取代表图像的时间序列并将其形成一组图形和时间序列列所对应的数据字典中，保存为数据集 data[fn]=list。

 这个环节的处理效果将取决于被处理的图像数量，所以请关注大数据集所占用的内存情况。

```
data = {}
for fn in range(1,685):
    img = Image.open("ImgFolder\\{0}.jpg".format(fn))
    arr = array(img)
    list = []
```

```
for n in arr: list.append(n[0][0])
for n in arr: list.append(n[0][1])
for n in arr: list.append(n[0][2])
data[fn] = list
```

然后，我们需要选择一个参考图像，用来同其他所有数据字典中的图像进行比较：

```
reference = data[31]
```

现在我们需要使用 mlpy.dtw_std 函数来对所有的元素进行处理，并将处理所获得的距离结果保存在 result 结果集中：

```
result ={}
for x, y in data.items():
    #print("{0} -------------- {1}".format(x,y))
    dist = mlpy.dtw_std(reference, y, dist_only=True)
    result[x] = dist
```

最后，我们需要通过 OrderedDict 函数将结果进行分类来获得最相近的元素，并输出结果排序：

```
sortedRes = OrderedDict(sorted(result.items(), key=lambda x: x[1]))
for a,b in sortedRes.items():
    print("{0}-{1}".format(a,b))
```

结果如下图所示。同时可以观测到与第一个元素（参考时间序列）最为精确相似的结果。第一个结果代表的距离为 0.0，因为它与参考图像是完全一致的。

 本章中所使用的所有代码和数据集都可以在作者的 GitHub 资源库中找到，具体网址为 https://github.com/hmcuesta/PDA_Book/tree/master/Chapter5。

完整的编码如下：

```
from PIL import Image
from numpy import array
import mlpy
from collections import OrderedDict

data = {}
for fn in range(1,685):
    img = Image.open("ImgFolder\\{0}.jpg".format(fn))
    arr = array(img)
    list = []
    for n in arr: list.append(n[0][0])
    for n in arr: list.append(n[0][1])
    for n in arr: list.append(n[0][2])
    data[fn] = list
reference = data[31]

result ={}
```

```
for x, y in data.items():
    #print("{0} --------------- {1}".format(x,y))
    dist = mlpy.dtw_std(reference, y, dist_only=True)
    result[x] = dist

sortedRes = OrderedDict(sorted(result.items(), key=lambda x: x[1]))
for a,b in sortedRes.items():
    print("{0}-{1}".format(a,b))
```

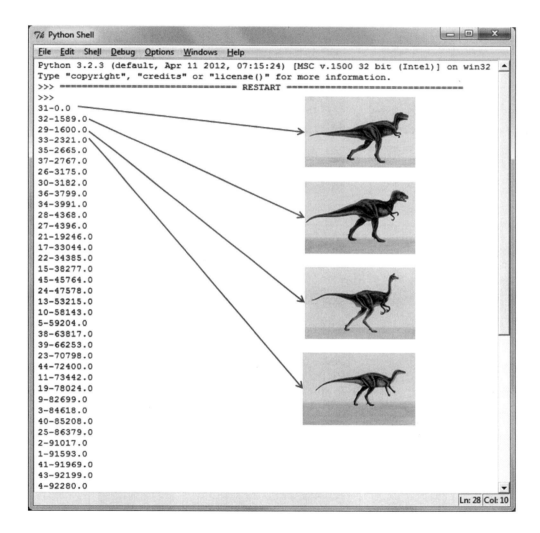

5.5　结果分析

　　本例代表了一个基本的执行过程，此过程也同样适用于诸如 3D 对象识别、脸部识别以及图像聚类等案例。本章的目的是呈现给读者如何在没有前期训练的情况下简易对比时间序列进而找到图像之间的相似性。在这个部分中，我们将呈现 7 个案例并对结果进行分析。

在下图中，我们可以看到与参考值最相近的前三个检索结果，甚至在公交车的展示结果中，元素所呈现的是不同的角度、旋转以及颜色的结果。

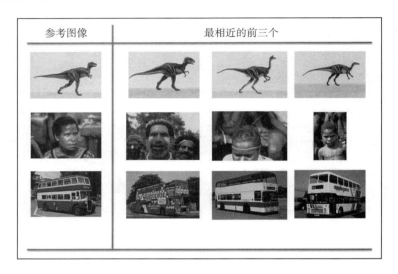

在下图中，我们可以看到第 4、5、6 个图像的检索结果，我们可以观察到此算法体现了较好的执行结果并在颜色方面有较好的对比效果。

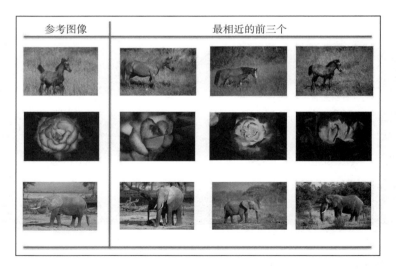

第 7 幅图应用时间序列的检索效果欠佳，类似的例子还包括风景以及建筑物，结果说明图像与检索标准没有关联性。这是因为时间序列的 RGB 颜色模式与其他类别存在较高的相似性。在下图中，我们可以看到参考图像以及第一个检索结果在蓝颜色的饱和度方面有很大的共享程度。因此，它们的时间序列（像素的顺序）是非常相近的。我们可以通过过滤的方式（例如对图像检索前采用 Find Edges 的方法）来克服这一问题。在第 14 章中，我们将展示如何使用 PIL 中的过滤、运行和转化的方法对图像进行处理。

完整的一组测试结果如下表所示。

分组	图像数量	第一次结果正确率	第二次结果正确率
Dinosaurs	102	99	99
African people	85	98	95
Bus	56	98	90
Horse	122	92	88
Roses	95	96	92
Elephants	36	98	87
Landscape	116	60	52
Buildings	72	50	45

5.6　小结

本章中，我们介绍了动态时间规整（Dynamic Time Warping，DTW）算法，这是一种在没有前期训练集的情况下，找出两个不同时间序列中相似性的优秀工具。我们展示了在一组图像中通过执行动态时间规整算法找到相似性的具体过程，这种方法在大多数情况下都具有很好的效果。这种方法在另外的一些领域中同样适用，诸如机器人、计算机视觉、声音识别，以及时间序列分析。同样我们也介绍了如何通过 PIL 库将图像转化为时间序列的方法。最后，我们学习了通过 mlpy 库来执行动态时间规整。

在下一章中，我们将呈现如何通过模拟技术进行数据分析以及如何模拟伪随机事件。

Chapter 6 第 6 章

模拟股票价格

　　作者 Burton Malkiel 于 1973 年在他的畅销书《A Random Walk Down Wall Street》中指出股票价格是随机漫步的，我们无法利用历史数据来预测未来的股票价格，因为它是完全独立于其他因素之外的。**随机漫步理论**（Random Walk）可以帮助我们模拟这般不能被预测的趋势。在本章中，我们将利用随机漫步算法来模拟执行股票价格，并用 D3.js 动画展现。

　　本章将涵盖以下主题：

- ❏ 金融时间序列
- ❏ 随机漫步模拟
- ❏ 蒙特卡罗方法
- ❏ 生成随机数
- ❏ 用 D3.js 实现
- ❏ 计量分析师

　　离散事件的模拟有助于我们理解数据。在本章中，我们将利用随机游走算法实现股票价格的模拟，并用 D3.js 动画展现。

6.1 金融时间序列

　　金融时间序列分析（Financial Time Series Analysis，FTSA）涉及资产随时间变化的评估，比如外汇或股票的市场价格。FTSA 注重的是一个特征——不确定性，正如美国著名金融家 J. P. Morgan 被问及股票市场未来走向时所说：

"它将会波动。"

金融时间序列的不确定性指的是股票价格的波动率是不可观测的。事实上，Louis Bachelier 的《投机理论》（Theory of Speculation，1900）假定股票价格的波动是随机的。

在下图中，我们可以看到过去三个月里苹果公司（Apple）历史股价的时间序列。实际上，简单随机过程可以创建时间序列，这与真实的时间序列很接近。在研究对数股票价格变动时，可以考虑用随机游走模型刻画 FTSA。

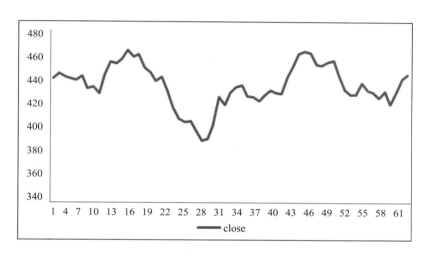

 你可以从纳斯达克股票交易所的网站下载苹果公司历史股价，网址为 http://www.nasdaq.com/symbol/aapl/historical#.UT1jrRypw0J。

如果想了解更完整的知识体系，请参考 Ruey S. Tsay 的《Analysis of Financial Time Series》一书。在本章，我们会用 D3.js 实现随机游走的模拟，之后介绍一下随机游走和蒙特卡罗模拟（Monte Carlo model）。

6.2 随机漫步模拟

随机漫步是用一连串的随机步长模拟随机事件。有趣的是，可以通过控制起始值和随机步长的概率分布观察某个特定事件之后的不同结果。与所有的随机模拟类似，这种模拟只是原来现象的简单模型。尽管如此，模拟也许是有用的，并且是强大的可视化工具。使用不同的实现方式会有不同的随机漫步运动轨迹。其中最常见的是布朗运动（Brownian motion）和二项式模型（binomial model）。

在下图中，我们可以看到用随机漫步模拟的对数股票价格。

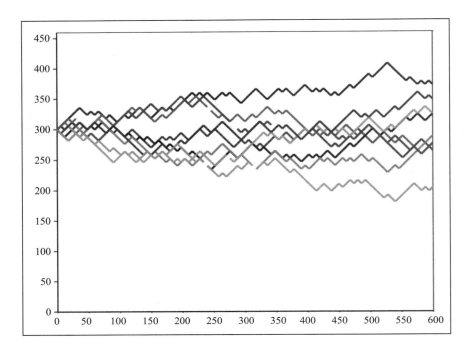

布朗运动（Brownian motion）是以物理学家 Robert Brown 的名字命名的随机游走模型。他观察到分子运动过程以及与其他分子碰撞时采用的随机方式。布朗运动通常用来对股票价格建模。根据诺贝尔经济学奖得主 Robert C. Merton 的研究，金融市场的布朗运动模型刻画了股票价格随时间连续变化，并且符合布朗过程。在这一模型里，我们假设每一期的收益率是服从正态分布的，这意味着随机步长的概率分布不随时间变化，并且与过去的步长相独立。

股票价格的二项式模型是基于离散步长的简单模型，在这一模型里，资产价格可以上涨或下跌。如果价格上涨，价格就乘以上涨因子，相反，如果价格下跌，就乘以下跌因子。

 如果想了解关于金融市场布朗模型的更多信息，请参考 http://bit.ly/17WeyH7。

6.3　蒙特卡罗方法

随机漫步是随机抽样算法家族的一个成员，而随机抽样算法是由 Stanislaw Ulam 在 1940 年提出的。当事件是随机的且边界（对之前极限值的估计）是确定的，此时适合使用蒙特卡罗模拟。这种方法比较适合解决生物、商务、物理领域的最优化和数值积分问题。

蒙特卡罗方法方法依靠随机数生成器的概率分布来表现模拟的不同行为。最常用的分布是高斯分布（也就是正态分布，请看下图），但是也有用其他分布的，比如几何分布或者泊松分布。在统计学中，中心极限定理（Central Limit Theorem，CTL）提出高斯分布会出现在任何的范例中。样本由一致的随机源而来（如果这些样本数越来越大，近似值就会改善），这些数值就会呈现高斯分布。

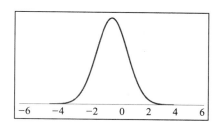

6.4　生成随机数

尽管生成真正的随机数是很困难的，但是绝大多数蒙特卡罗模拟使用伪随机数时效果还不错，而且使用一样的随机数种子可以很容易地再现模拟的结果。在实际应用中，各种现代编程语言都包含生成随机序列的能力，至少足够用于模拟。

Python 含有 random 库。从下面的代码可以看出这个库的基本用法。

❑ 导入 random 库，设置别名为 rnd：

```
import random as rnd
```

❑ 取得介于 0 和 1 之间的随机浮点数：

```
>>>rnd.random()
0.254587458742659
```

❑ 取得介于 1 和 100 之间的随机数：

```
>>>rnd.randint(1,100)
56
```

❑ 取得介于 10 到 100 之间服从均匀分布的随机浮点数：

```
>>>rnd.uniform(10,100)
15.2542689537156
```

　如想了解更多关于 random 库的细节，请访问 http://docs.python.org/3.2/library/random.html。

在 JavaScript 中，有产生随机数的更基础的函数，即 Math.random() 函数，不过它已经足够应付本章的需求了。

请看下面的脚本，这段简单的 JavaScript 代码可以在 ID 为 label 的 HTML 元素里输出介于 0 到 100 的随机数：

```
<script>
function randFunction()
{
var x=document.getElementById("label")
x.innerHTML=Math.floor((Math.random()*100)+1);
}
</script>
```

6.5 用 D3.js 实现

在本章，我们会用 D3.js 创建布朗运动随机漫步模拟的动画。在这个模拟中，我们会控制动画的延迟、随机漫步的起始点以及上涨 – 下跌因子的趋势。

首先，我们需要创建一个名为 Simulation.html 的 HTML 文件。我们将通过 Python 的 http.server 模块运行它。要运行这个动画，只需打开命令行终端，运行下面的命令：

```
>>python -m http.server 8000
```

然后打开浏览器输入地址 http://localhost:8000，然后选择刚才创建的 HTML 文件，就可以看到动画效果了。

接下来我们需要导入 D3 的库文件，可以直接从 D3 的网站或者从本地导入 d3.v3.min. js 文件。

```
<script type="text/javascript" src="http://d3js.org/d3.v3.min.js"></
script>
```

在 CSS 中，我们要给坐标轴的线、字体、文本大小以及背景颜色设置样式。

```
<style type="text/css">
body {
  background: #fff;
}
.axis text {

  font: 10px sans-serif;
}
.axis path,
.axis line {
  fill: none;
  stroke: #000;
}
</style>
```

在 CSS 里可以用十六进制代码定义颜色，比如 #fff 表示白色。可以在 http://www.w3 schools.com/tags/ref_colorpicker.asp 找到颜色选择器。

我们需要为动画定义一些变量，比如延迟、第一条线的颜色以及工作区域的高度和宽度。每当一条时间序列的线接触到画布边缘时，就给颜色变量重新赋值，这样就会以新的颜色开始绘制下一条时间序列。

```
var color = "rgb(0,76,153)";
var GRID = 6,
HEIGHT = 600,
WIDTH = 600,
delay = 50;
```

现在，我们要给新建的 SVG 定义长和宽（630×650 像素，其中包括了给坐标轴标签留的空间），这将在 <body> 标签里新插入 <svg> 标签：

```
var svg = d3.select("body").append("svg:svg")
  .attr("width", WIDTH + 50)
  .attr("height", HEIGHT + 30)
 .append("g")
  .attr("transform", "translate(30,0)");
```

然后我们要设置 X 轴和 Y 轴的相关刻度，以及标签的方向。

```
var x = d3.scale.identity()
    .domain([0, WIDTH]);
var y = d3.scale.linear()
    .domain([0, HEIGHT])
    .range([HEIGHT, 0]);
var xAxis = d3.svg.axis()
    .scale(x)
    .orient("bottom")
    .tickSize(2, -HEIGHT);
var yAxis = d3.svg.axis()
    .scale(y)
    .orient("left")
    .tickSize(6, -WIDTH);
```

把坐标轴添加到 SVG 的 <g> 标签里。

```
svg.append("g")
    .attr("class", "x axis")
    .attr("transform", "translate(0,600)")
    .call(xAxis);
 svg.append("g")
    .attr("class", "y axis")
    .attr("transform", "translate(0,0)")
    .call(yAxis);
```

关于 D3 里面的 SVG 坐标轴的 API 文件，可以参考 https://github.com/mbostock/d3/wiki/ SVG-Axes。

向 X 轴添加文本标签（位置是 270，50）：

```
svg.append("text")
        .attr("x", 270 )
        .attr("y",  50 )
        .style("text-anchor", "middle")
        .text("Random Walk Simulation");
```

接下来创建一个名为 randomWalk 的函数来进行每一步的模拟。这是个递归函数，可以绘制每一步随机游走的线段。使用 Math.random() 函数，我们可以确定线到底是向上还是向下走。

```
function randomWalk(x, y) {
var x_end, y_end = y + GRID;
if (Math.random() < 0.5) {
  x_end = x + GRID;
} else {
  x_end = x - GRID;
}
line = svg.select('line[x1="' + x + '"][x2="' + x_end + '"]'+
                  '[y1="' + y + '"][y2="' + y_end + '"]');
```

然后把新生成的线段添加到 svg 元素 svg:line 里，颜色设置为 color，线的笔画（stroke）宽度为 3 点。

```
svg.append("svg:line")
    .attr("x1", y)
    .attr("y1", x)
    .attr("x2", y_end)
    .attr("y2", x_end)
    .style("stroke", color)
    .style("stroke-width", 3)
    .datum(0);
```

当点（y_end）游走到工作区域的边缘，我们需要随机选择一个颜色，方法是在每个 RGB 代码里使用 Math.floor(Math.random()*254) 函数的值，然后重置控制变量 y_end 和 x_end 的值。

```
if (y_end >= HEIGHT) {
color = "rgb("+Math.floor(Math.random()*254)+",
            "+Math.floor(Math.random()*254)+",
            "+Math.floor(Math.random()*254)+")"
 x_end = WIDTH / 2;
 y_end = 0;
}
```

使用 window.setTimeout 函数，我们将等待 50ms 才能得到接下来的动画效果，然后再次调用 randomWalk 函数。

```
window.setTimeout(function() {
    randomWalk(x_end, y_end);
}, delay);
}
```

最后，我们需要调用 randomWalk() 函数并把起始点作为 Y 轴的参数传递给函数。

```
randomWalk(WIDTH / 2, 0);
```

 本章的所有代码都可以在作者的 GitHub 资料库里找到，网址是 https://github.com/ hmcuesta/PDA_Book/tree/master/Chapter6。

在下图中，图 1 是 12 次迭代的动画结果，图 2 是更多次迭代的动画结果。

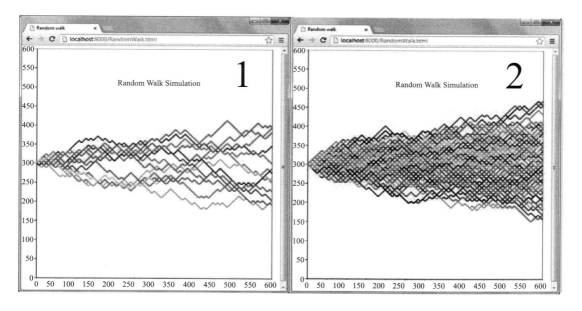

我们可以观察到有趣的现象，那就是图中的正态分布。在下图中，可以看到阴影区域下的随机漫步是符合正态分布的。

我们可以尝试不同的起始参数来得到不同的结果，比如改变起始点的位置或者随机游走的分布，如下图所示。

以下是随机漫步模拟的完整代码：

```
<html>
  <head>
    <meta content="text/html;charset=utf-8">
    <title>Random walk</title>
    <script type="text/javascript"  src="http://d3js.org/d3.v3.min.js">
```

```
</script>
    <style type="text/css">
 body {
  background: #fff;
}
.axis text {
  font: 10px sans-serif;
}
.axis path,
.axis line {
  fill: none;
  stroke: #000;
}
    </style>
</head>
<body>
<script>
var color = "rgb(0,76,153)";
var GRID = 6,
HEIGHT = 600,
WIDTH = 600,
delay = 50,
svg = d3.select("body").append("svg:svg")
  .attr("width", WIDTH + 50)
  .attr("height", HEIGHT + 30)
 .append("g")
  .attr("transform", "translate(30,0)");
var x = d3.scale.identity()
    .domain([0, WIDTH]);
var y = d3.scale.linear()
    .domain([0, HEIGHT])
    .range([HEIGHT, 0]);
var xAxis = d3.svg.axis()
    .scale(x)
    .orient("bottom")
    .tickSize(2, -HEIGHT);
var yAxis = d3.svg.axis()
    .scale(y)
    .orient("left")
    .tickSize(6, -WIDTH);
svg.append("g")
    .attr("class", "y axis")
   .attr("transform", "translate(0,0)")
    .call(yAxis);
svg.append("g")
    .attr("class", "x axis")
    .attr("transform", "translate(0,600)")
    .call(xAxis)
svg.append("text")
        .attr("x", 270 )
```

```
                .attr("y",  50 )
                .style("text-anchor", "middle")
                .text("Random Walk Simulation");
    randomWalk(WIDTH / 2, 0);
   function randomWalk (x, y) {
   var x_end, y_end = y + GRID;
    if (Math.random() < 0.5) {
      x_end = x + GRID;
    } else {
      x_end = x - GRID;
    }  line = svg.select('line[x1="' + x + '"][x2="' + x_end + '"]'+
                       '[y1="' + y + '"][y2="' + y_end + '"]');
       svg.append("svg:line")
       .attr("x1", y)
       .attr("y1", x)
       .attr("x2", y_end)
       .attr("y2", x_end)
       .style("stroke", color)
       .style("stroke-width", 3)
       .datum(0);
     if (y_end >= HEIGHT) {
   color = "rgb("+Math.floor(Math.random()*254)+",
                "+Math.floor(Math.random()*254)+",
                "+Math.floor(Math.random()*254)+")"
     x_end = WIDTH / 2;
     y_end = 0;
    }
    window.setTimeout(function() {
     randomWalk(x_end, y_end);
    }, delay);
  }
  </script>
  </body>
  </html>
```

6.6　计量分析师

　　计量金融是一个有趣的领域，其需要在财务市场中应用数学模型。这方面的工作包含：算法交易、衍生品定价及风险管理。这些任务需要从业人员具备财务、计算机及分析技能。这些人被称为计量分析师或是"宽客"（quant）。计量分析师负责提出可检验的假设及发展模型来发现隐藏的模式。如本章所述，计量金融帮助人们在财务市场中利用科学模型做模拟；或是提出预测模型，我们将在第 7 章中具体介绍。

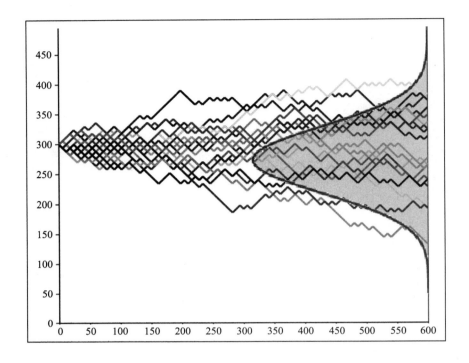

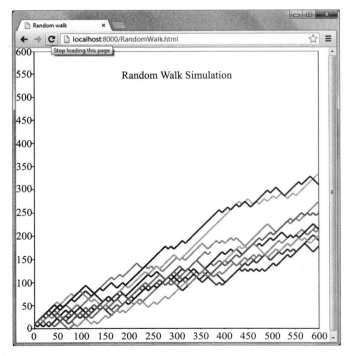

6.7　小结

在本章里，我们考察了随机漫步模拟以及如何用动画来展现它。模拟是种用于观察现象（比如，股票价格）的某些行为的极佳方式。蒙特卡罗方法广泛应用于模拟某些现象，尤其是在缺乏重现事件手段的情况下，因为重现事件可能很危险或成本昂贵，比如流行病的爆发或股票价格的波动。不过，模拟只是现实世界的简单模型。本章展现的模拟的案例，目标是向读者展示如何使用 D3 制作简单而漂亮的基于 Web 的可视化图形。

在下一章中，我们将学习时间序列的基本概念，并使用回归和分类预测黄金价格。

Chapter 7 | 第 7 章

预测黄金价格

本章将介绍**时间序列数据**（Time Series Pata）和回归（Regression）的基本概念。首先，我们先区别一下基本的概念，比如趋势、季节性以及噪声，及线性回归的原则（其使用 Python 的 scikit-learn 库）。

然后，我们介绍历史金价时间序列，接着概述如何使用**核岭回归**（Kernel Ridge Regression）进行预测。最后，我们将展示一个回归，它把平滑时间序列作为输入。

本章将涵盖以下主题：

❏ 处理时间序列数据
❏ 线性回归
❏ 数据——历史黄金价格
❏ 非线性回归
❏ 核岭回归
❏ 平滑黄金价格时间序列
❏ 平滑时间序列的预测
❏ 对比预测值

7.1 处理时间序列数据

时间序列是在现实世界中寻找数据的最常用方法之一。时间序列可以定义为一个变量随时间的变化过程。**时间序列分析**（Time Series Analysis，TSA）广泛应用于经济学、气象以及流行病学。处理时间序列需要先定义几个基本的概念，比如趋势、季节性和噪声。

　　下图来自 http://www.gold.org/investment/statistics/gold_price_chart/，它是自 2010 年 7 月以来美国黄金价格的时间序列。

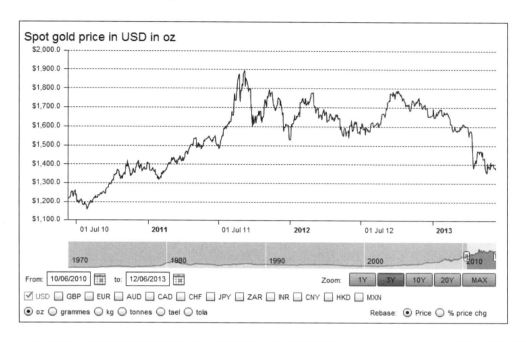

　　一般来说，展现时间序列数据的最简单方法就是线图。直接观察时间序列的可视化图形，我们可以看到异常值及数据的复杂行为。

　　现在有两种时间序列：线性的和非线性的。在下图中，可以到看到这两类的例子。绘制时间序列数据的图形与散点图或线图类似，不过时间序列数据点的 X 轴是时间或日期。

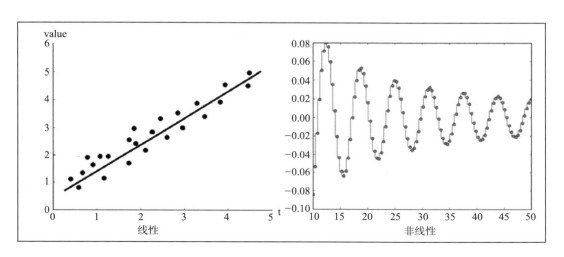

时间序列的组成要素

在很多情况下，时间序列是多个要素的总和：

$$X_t = T_t + S_t + V_t$$

观测值 = 趋势 + 季节性 + 波动性

- ❑ **趋势（T）**：时间序列在长时间内呈现出来的行为，或者说缓慢的运动。
- ❑ **季节性（S）**：一年之内的周期性振荡运动，比如流感季。
- ❑ **波动性（V）**：围绕前面两个要素的随机性波动。

下图所示的时间序列包含明显的演进趋势，这种趋势并不遵从线性的模式，而且随时间的变化而变化。

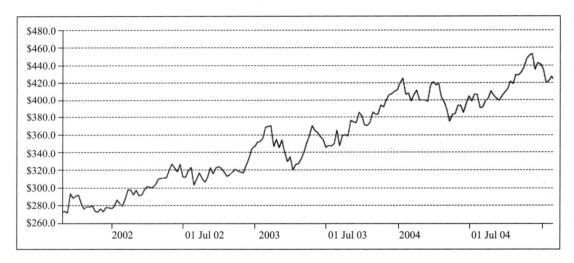

本书中的可视化基本上都是以 D3.js（基于 Web 的）驱动的。不过，直接用 Python 里的快速可视化工具也很重要。在本章，我们会使用 matplotlib 作为独立的可视化工具。从下面的代码，我们可以看到如何用 matplotlib 绘制线图。

首先，需要导入库，并设置库的别名为 plt：

```
import matplotlib.pyplot as plt
```

然后，使用 numpy 库，我们用 linspace 和 cos 方法分别创建人造的数据 x 和 y。

```
import numpy as np
x = np.linspace(10, 100, 500)
y = np.cos(x)/x
```

接着我们用 step 函数绘制图形，并用 show 函数把图形展示在新窗口中。

```
plt.step(x, y)
plt.show()
```

在 http://matplotlib.org/ 中你可以找到更多关于 matplotlib 的信息。

最后，可视化的结果如下图所示。

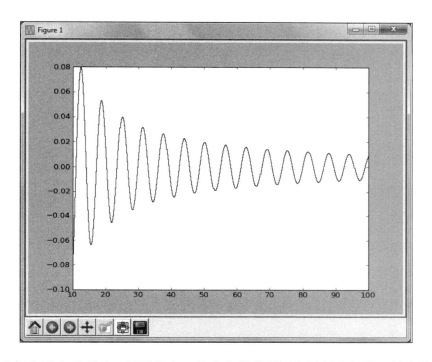

正如我们在图中看到的，图形的窗口给我们提供了诸如扩展坐标轴、放大缩小以及保存功能的工具，而保存功能可以把图形导出成 .png 格式的文件。我们可以浏览图形的更改，也可以回到原来的视图。如果是在互动环境下，如 IPython Notebook，可以使用内联指令 %matplotlib 来在相同的窗口浏览图形。

7.2　平滑时间序列

当我们处理现实世界的数据时，经常会碰到不属于数据的那些伪随机波动，我们称为噪声。为了避免或减少这些噪声，我们可以用不同方法，比如用插值的方法在序列稀疏的地方增加数据。不过，在有些情况下不能这样做。另一个方法是，对序列做平滑，比较典型的是用**平均**或**指数**方法。平均方法针对序列里的每一个元素，用这个元素周围数据的简单平均或加权平均值来替代该元素。我们把可能值的区间定义为**平滑窗口**（Smoothing Window），用它可以控制结果的平滑程度。使用移动平均方法的一个缺点是，如果在原来的时间序列中有异常值或突然的跳跃值，则结果会不准确，会得到参差不齐的曲线。

在本章，我们会用卷积法（移动平均滤波）实现另一种平滑方法，其中窗宽与信号成比例。这种方法是从**数字信号处理**（Digital Signal Processing，DSP）借用过来的。在这里，对一条时间序列（信号）应用滤波器，得到一条新的时间序列。在下面的代码中，我们可以看到如何对时间序列做平滑处理的例子。在本例中，我们会使用从 2008 年 3 月到 2013 年 3 月的 USA/CAD 汇率历史数据，共 260 条记录。

 汇率历史数据下载地址为 http://www.oanda.com/currency/historical-rates/。

CSV 文件（ExchangeRate.csv）的前 7 条记录如下：

```
date,usd
3/10/2013,1.028
3/3/2013,1.0254
2/24/2013,1.014
2/17/2013,1.0035
2/10/2013,0.9979
2/3/2013,1.0023
1/27/2013,0.9973
...
```

首先，我们需要导入所需的库，请参考附录中 numpy 和 scipy 库的完整安装说明。

```
import dateutil.parser as dparser
import matplotlib.pyplot as plt
import numpy as np
from pylab import *
```

现在，我们要创建 smooth 函数，把原来的时间序列和窗宽设置成参数。在这个实现里，我们使用 numpy 里对 Hamming 窗宽的实现（np.hamming）；不过，我们也可以用其他类型的窗宽，比如 Flat、Hanning、Barlett 以及 Blackman。

 如果想得到 numpy 支持的窗宽函数的全部参考资料，请访问 http://docs.scipy.org/doc/numpy/reference/routines.window.html。

看一下以下代码：

```
def smooth(x,window_len):
        s=np.r_[2*x[0]-x[window_len-1::-1],
                x,2*x[-1]-x[-1:-window_len:-1]]
        w = np.hamming(window_len)
        y=np.convolve(w/w.sum(),s,mode='same')
        return y[window_len:-window_len+1]
```

 本章展示的方法基于 scipy 里的信号平滑方法，参考文件网址为 http://wiki.scipy.org/Cookbook/SignalSmooth。

然后，我们需要得到 X 轴的标签，此时要用 numpy 的 genfromtxt 函数来得到 CSV 文件的第一列，并用转换函数 dparser.parse 解析其中的日期。

```
x = np.genfromtxt("ExchangeRate.csv",
                  dtype='object',
                  delimiter=',',
                  skip_header=1,
                  usecols=(0),
                  converters = {0: dparser.parse})
```

现在，我们需要从 ExchangeRate.csv 文件获得原来的时间序列：

```
originalTS = np.genfromtxt("ExchangeRate.csv",
                  skip_header=1,
                  dtype=None,
                  delimiter=',',
                  usecols=(1))
```

然后，我们应用 smooth 方法，并把结果保存在 smoothedTS 里：

```
smoothedTS = smooth(originalTS, len(originalTS))
```

最后，我们用 pyplot 绘制这两条时间序列的图：

```
plt.step(x, originalTS, 'co')
plt.step(x, smoothedTS)
plt.show()
```

在下图中，可以看到原来的序列（加点的线）和光滑后的序列（实线）。从这幅图可以看出，光滑后的序列去除了不规律的粗糙部分，这样更能看出清晰的信号。平滑本身并不会提供给我们模型。不过，它可以看作是描述时间序列多个组成要素的第一步。当我们处理流行病数据的时候，可以将季节性平滑掉，这样我们就可以识别出趋势（见第 10 章）。

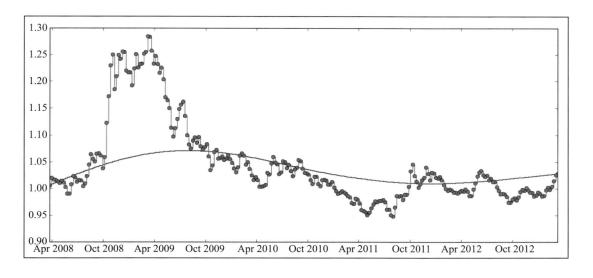

7.3 线性回归

回归是预测量化值的绝佳工具。它是独立变量来解释行为的一种现象，如温度、资产价格、房价，等等。线性回归发现最佳拟合直线。

我们在日常生活中常常使用回归或预测手法，如基于以前的历史数据（距离、交通、天气，等等）来计算用油量或自驾旅行所需的时间。简单来说，可以先从过往现象中得到数据，例如，过往的旅程花多长时间、距离多远，然后，在此基础上进行预测。

在本节中，我们将利用 scikit –learn 编写很简单的线性回归例子，scikit –learn 是一个 Python 机器学习库。我们会使用波士顿的房屋数据集作为具体示例，这包含了 506 个数据，包含在 scikit –learn 库中的资料，可以在链接 https://archive.ics.uci.edu/ml/datasets/Housing 取得。

首先，我们先输入必须的库 pylab、linear_model 及 boston 数据集：

```
from pylab import * from sklearn import datasets
from sklearn import linear_model
from sklearn.cross_validation import train_test_split
import numpy as np
 import matplotlib.pyplot as plt
```

 访问链接 http://scikit-learn.org/stable/ 查看完整的参考，并下载 scikit 学习指南。

然后，从 scikit 学习数据集获取需要的数据，只选择一个独立的变量来进行回归分析，如价格、土地大小或客房数。

```
houses = datasets.load_boston()
houses_X = houses.data[:, np.newaxis]
houses_X_temp = houses_X[:, :, 2]
```

现在，利用总数据的 33% 将数据集分成训练集和测试子集。训练集将帮助我们教授算法和预测数据中的模式。

```
X_train, X_test, y_train, y_test = train_test_split(houses_X_temp,
houses.target, test_size=0.33)
```

然后，为预测 LinearRegression() 选择算法，利用训练集 fit() 功能训练算法。

```
lreg = linear_model.LinearRegression()
lreg.fit(X_train, y_train)
```

最后，绘制结果。我们会看到在测试子集中的预测数据（蓝色）构成的一条直线。这是一种非常简单的呈现回归的方式，因为数据仅受限于一个独立的变量。但在现实世界中，一种现象其实是由多种变量利用多种算法组成的。

```
plt.scatter(X_test, y_test, color='green')
plt.plot(X_test, lreg.predict(X_test), color='blue', linewidth=2)
plt.show()
```

请看下图：

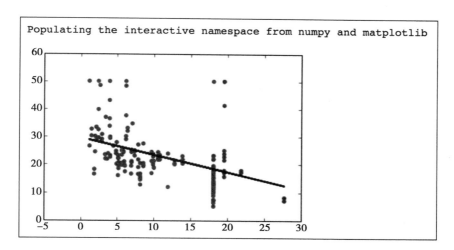

7.4　数据——历史黄金价格

回归分析是理解变量间关系的一种统计工具。在本章中，我们会实现一个非线性回归并基于历史金价来预测黄金价格。在本例中，我们会用到 2003 年 1 月到 2013 年 5 月的历史黄金价格，数据来自网站 www.gold.org。最后，我们会预测 2013 年 6 月的黄金价格，然后将预测的结果与从一个独立来源查到的真实价格做比较。完整的数据集（从 1978 年 12 月开始）可以在 http://gold.org/download/value/stats/statistics/xls/gold_prices.xls 找到。

CSV 文件（gold.csv）的前 7 条记录如下所示：

```
date,price
1/31/2003,367.5
2/28/2003,347.5
3/31/2003,334.9
4/30/2003,336.8
5/30/2003,361.4
6/30/2003,346.0
7/31/2003,354.8
. . .
```

在本例中，我们将实现核岭回归，这是基于非线性核的模式。我们将通过原始时间序列和平滑时间序列实现核岭回归，以比较两种不同的输出。

7.5　非线性回归

统计学中所说的非线性回归是一种回归分析，其中估计的是一个或多个自变量之间的非线性组合的关系。

在本章中，我们会使用 Python 的 mlpy 库和它的核岭回归实现。可以在 http://mlpy.source forge.net/docs/3.3/nonlin_regr.html 找到更多关于非线性回归方法的信息。

7.5.1 核岭回归

与核函数有关的最基本的算法是**核岭回归**，其是岭回归的组合并利用一小内核的手法其会对应于一个非线性函数，适合一些数值映射从 X 到 Y。它跟 SVM（支持向量机，见第 8 章）类似，不过 KRR 的解依赖于全部的训练集样本而不是支持向量的子集。KRR 在用于分类和回归的训练集很少时效果良好。它广泛用于推荐系统、人脸识别和回归模型。基于这个原因，当所架构的数据模型具有少量的非线性数据点或值时，使用 KRR 会产出很好的结果。在本章，我们的重点集中在使用 mlpy 的实现上，而不用关心它所涉及的代数运算。首先安装 mlpy 库。

首先，我们需要导入 numpy、mlpy 和 matplotlib 库：

```
import numpy as np
import mlpy
from mlpy import KernelRidge
import matplotlib.pyplot as plt
```

然后，我们定义随机数发生器的种子：

```
np.random.seed(10)
```

接着我们需要从 Gold.csv 文件加载历史黄金价格并存储于变量 targetValues 中：

```
targetValues = np.genfromtxt("Gold.csv",
                    skip_header=1,
                    dtype=None,
                    delimiter=',',
                    usecols=(1))
```

然后创建一个新的数组，其中包含 125 个训练点，每个点对应于 targetValues 的一条记录，代表从 2003 年 1 月到 2013 年 5 月的月度黄金价格。

```
trainingPoints = np.arange(125).reshape(-1, 1)
```

再创建另一个数组，其中包含 126 个测试点，代表 targetValues 中原来的 125 个点，以及对 2013 年 6 月的预测点：

```
testPoints = np.arange(126).reshape(-1, 1)
```

现在，我们创建训练核矩阵（knl）以及测试核矩阵（knlTest）。核岭回归（KRR）会随机地把数据拆成大小相同的子集，然后对每一个子集进行独立的 KRR 估计。最终，我们取局部解的均值，得到全局预测。

```
knl = mlpy.kernel_gaussian(trainingPoints, trainingPoints,
                           sigma=1)
knlTest = mlpy.kernel_gaussian(testPoints, trainingPoints,
                               sigma=1)
```

然后，我们实例化 mlpy.KernelRidge 类为 knlRidge 对象：

```
knlRidge = KernelRidge(lmb=0.01, kernel=None)
```

learn 方法用训练核矩阵和目标值作为参数，计算回归的系数：

```
knlRidge.learn(knl, targetValues)
```

pred 方法把测试核矩阵作为输入，计算预测的相应变量：

```
resultPoints = knlRidge.pred(knlTest)
```

最后，画出目标值和结果点的时间序列：

```
fig = plt.figure(1)
plot1 = plt.plot(trainingPoints, targetValues, 'o')
plot2 = plt.plot(testPoints, resultPoints)
plt.show()
```

在下图中，可以看到代表目标值（已知值）的点和代表结果值（pred 方法的结果）的线。我们还可以看到最后一段线，这代表 2013 年 6 月的预测值。

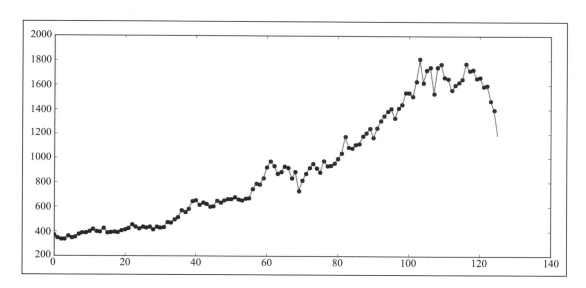

在下图中，我们可以看到 knlRidge.pred() 的结果点，最后一个值（1186.16129538）是2013 年 6 月的预测值。

```
7/4 "Python Shell"
File  Edit  Shell  Debug  Options  Windows  Help
  992.90306715    1043.00379077    1170.80325892    1089.47935716    1076.97972427
 1107.14368599    1116.03303904    1176.36610067    1208.7325989     1239.51413576
 1171.27046153    1242.32094619    1307.12838129    1343.38595492    1383.85097939
 1400.21052961    1329.35732296    1405.38790921    1440.13464059    1530.38444854
 1535.76768304    1501.3482692     1629.64604751    1803.83015783    1622.14643238
 1717.76197169    1739.11892089    1534.37590801    1736.64798768    1767.27956776
 1660.76742321    1646.36358188    1557.34365693    1595.2421219     1618.05827517
 1648.59106968    1768.32721459    1720.07173547    1718.51077847    1658.84824093
 1657.43062521    1590.26281453    1591.23005356    1470.40013319    1389.83693915
 1186.16129538]
                                                                              Ln: 31  Col: 0
```

 本章所有的代码和数据集都可以在作者的 GitHub 资料库中找到，网址为 https://github.com/hmcuesta/PDA_Book/tree/master/Chapter7。

7.5.2　平滑黄金价格时间序列

正如我们看到的，黄金价格时间序列包含噪音，因此很难识别出趋势或直接的模式。所以为简单起见，我们可以先对时间序列做平滑处理。在下面的代码中，我们对黄金价格时间序列做了平滑处理（详细解释见 7.2 节）：

```python
import matplotlib.pyplot as plt
import numpy as np
import dateutil.parser as dparser
from pylab import *
def smooth(x,window_len):
        s=np.r_[2*x[0]-x[window_len-1::-1],x,2*x[-1]-x[-1:-window_len:-1]]
        w = np.hamming(window_len)
        y=np.convolve(w/w.sum(),s,mode='same')
        return y[window_len:-window_len+1]
x = np.genfromtxt("Gold.csv",
                  dtype='object',
                  delimiter=',',
                  skip_header=1,
                  usecols=(0),
                  converters = {0: dparser.parse})
y = np.genfromtxt("Gold.csv",
                  skip_header=1,
                  dtype=None,
                  delimiter=',',
                  usecols=(1))
y2 = smooth(y, len(y))
plt.step(x, y2)
plt.step(x, y, 'co')
plt.show()
```

在下图中，我们可以看到历史黄金价格的时间序列（加点的线）和平滑后的时间序列（实线），平滑方法用的是 hamming 窗宽。

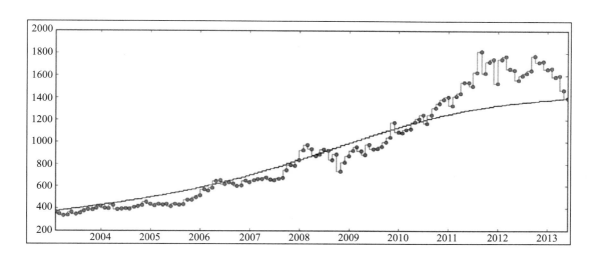

7.5.3　平滑时间序列的预测

最后，我们把所有东西结合到一起，并实现对黄金价格时间序列的核岭回归。下面是 KRR 的完整代码。

```python
import matplotlib.pyplot as plt
import numpy as np
import dateutil.parser as dparser
from pylab import *
import mlpy
def smooth(x,window_len):
        s=np.r_[2*x[0]-x[window_len-1::-1],
x,2*x[-1]-x[-1:-window_len:-1]]
        w = np.hamming(window_len)
        y=np.convolve(w/w.sum(),s,mode='same')
        return y[window_len:-window_len+1]
y = np.genfromtxt("Gold.csv",
                        skip_header=1,
                        dtype=None,
                        delimiter=',',
                        usecols=(1))
targetValues = smooth(y, len(y))
np.random.seed(10)
trainingPoints = np.arange(125).reshape(-1, 1)
testPoints = np.arange(126).reshape(-1, 1)

knl = mlpy.kernel_gaussian(trainingPoints,
                            trainingPoints, sigma=1)
knlTest = mlpy.kernel_gaussian(testPoints,
                            trainingPoints, sigma=1)
knlRidge = mlpy.KernelRidge(lmb=0.01, kernel=None)
knlRidge.learn(knl, targetValues)
resultPoints = knlRidge.pred(knlTest)

plt.step(trainingPoints, targetValues, 'o')
plt.step(testPoints, resultPoints)
plt.show()
```

在下图中，加点的线代表的是平滑后的历史黄金价格时间序列，实线代表的是对 2013 年 6 月黄金价格的预测值。

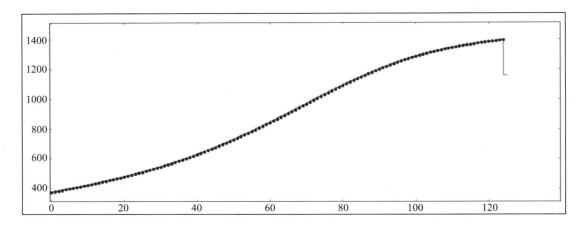

在下图中，我们可以看到平滑后时间序列的预测值。这回我们看到这些值比之前的预测值要低一些。

```
1088.49204982   1100.18449972   1111.71219714   1123.15663634   1134.16932013
1145.13983676   1156.05105186   1166.69205995   1177.07052312   1187.29986588
1197.29078841   1207.11631934   1216.54910612   1225.72275768   1234.64789851
1243.27697587   1251.68807657   1259.86157756   1267.63529686   1275.09002695
1282.30403757   1289.27215968   1295.89100453   1302.25556121   1308.37414243
1314.1067606    1319.73793319   1325.20466654   1330.46088301   1335.4613124
1340.25195252   1344.77634816   1349.18125634   1353.38699135   1357.33420754
1361.23729824   1364.98019319   1368.80631479   1372.33661519   1376.00064877
1378.7428981    1382.82640402   1384.20059902   1389.86822295   1388.63246369
1159.23545044]
```

7.5.4 对比预测值

最后，寻找外部数据源来看看我们的预测与现实是否相符。下图来自卫报 / 汤森路透，可以从中查到 2013 年 6 月的黄金价格数据，当月的价格在 1180.0 到 1210.0 之间波动，官方的月均值为 1192.0。全数据核岭回归做出的预测是 1186.0，已经很接近了。全部的数字见下表。

数据源	2013 年 6 月
卫报 / 汤森路透（外部来源）	1192.0
全数据的核岭回归（预测模型）	1186.161295
平滑数据的核岭回归（预测模型）	1159.23545044

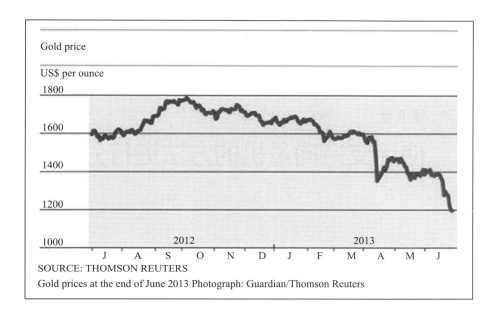

Gold price

US$ per ounce

SOURCE: THOMSON REUTERS

Gold prices at the end of June 2013 Photograph: Guardian/Thomson Reuters

　　一个好的实践做法是，在构建预测模型时针对同一个问题尝试用不同的方法。如果我们开发了不只一个模型，就可以互相比较测试结果并选出最好的模型。在本例中，用全部数据得到的预测值比用平滑数据得到的预测值更精确。

　　统计学家 George E. P. Box 曾经说过：

　　"所有的模型都是错的，但其中一些是有用的。"

 如想了解文章"Stock markets and gold suffer a June to forget"的详细信息，请访问 http://www.theguardian.com/business/2013/jun/28/stock-markets-gold-june。

7.6　小结

　　在本章中，我们探索了时间序列的本质，描述了它的组成要素，并用信号处理的技术实现了对时间序列的平滑。我们利用 scikit-learn 试验了一个简单线性回归的例子。然后，我们介绍了在 mlpy 库中实现了核岭回归（KRR）。最后，我们展示了 KRR 的两种实现方法来预测 2013 年 6 月的月度黄金价格，一种方法是用全部的数据，另一种是用平滑后的数据，并发现用全部数据做的预测更精确一些。

　　在下一章中，我们将学习如何降维，以及如何针对多元数据集实现支持向量机（SVM）。

Chapter 8 第8章

使用支持向量机的方法进行分析

支持向量机（SVM）是一种非常有效的基于核函数的分类技术，例如在前一章所提到的核岭回归（KRR）算法。我们经常面对稀释数据集或是数据，其不足以完整地达成一个好的预测或是分类。在这种情况下，我们需要使用一种技术，能够由原始的数据集来创造新的数值，从而提高算法的正确率，这些新的数据称为合成物。由于其有效性，核函数是合成数据时最常用的方法。本章将提供一种通过支持向量机来获得可接受结果的简便方法。我们会对数据集降维，并创造一个分类模型。

支持向量机的理论基础是 Vladimir Vapnik 的研究成果，并伴随着 20 世纪 70 年代统计学习理论的发展。支持向量机在时间序列的模式识别、生物信息学、自然语言处理和计算机视觉中得到广泛使用。

在本章中，我们将使用 mlpy 的方式来执行 LIBSVM，它是一种广泛使用的 SVM 库，它拥有多种界面和包含 Java、Python、MATLAB、R、CUDA、C#，以及 Weka 等语言在内的扩展功能。更多 LIBSVM 的资料可以访问 http://www.csie.ntu.edu.tw/~ cjlin/libsvm/。

本章将涵盖以下主题：

❏ 理解多变量数据集
❏ 降维
❏ 使用支持向量机
❏ 核函数
❏ 双螺旋问题
❏ 在 mlpy 中实现 SVM

 其他关于 SVM 的实现包含在 scikit-learn Python 库。通过链接 http://scikit-learn.org/ stable/ modules/svm.html 可以检索到完整的参考资料。

8.1　理解多变量数据集

多变量数据集定义为与某一现象的不同方面相关联的一组属性值。在本章中，我们将使用一个多维度数据集来反映生长在意大利同一地区的三种不同红酒栽培品种的化学分析结果。Wine 数据集可以从加州大学尔湾分校的机器学习资料库中获取，相关内容可以从链接 http://archive.ics.uci.edu/ml/datasets/Wine 免费下载。为了确保质量水平，此数据集包含了物理化学的数据由葡萄牙北部的白酒和红酒而来。数据集包含了 13 个特征，无缺失数据值并且所有的特征都是数值或者真实数据。

特征的完整列表如下：

❑ Alcohol（酒精）
❑ Malic acid（苹果酸）
❑ Ash（灰分）
❑ Alkalinity of ash（灰碱度）
❑ Magnesium（镁）
❑ Total phenols（酚总量）
❑ Flavonoids（黄酮类化合物）
❑ Nonflavonoid phenols（非黄酮类化合物酚含量）
❑ Proanthocyanins（原花青素）
❑ Color intensity（色素）
❑ Hue（色相）
❑ OD280/OD315 of diluted wines（稀释红酒的 OD280/OD315）
❑ Proline（脯氨酸）

在数据集中的分类的按照顺序的但数量却不一致，这代表了栏位中的数字不一样的比例。数据集中包含了三个不同分类中的 178 条记录。下图分布中第一类有 59 个记录，第二类有 71 个记录，第三类有 48 个记录。

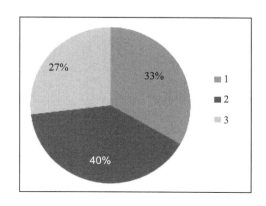

数据集中的前 5 条记录如下：

```
1,14.23,1.71,2.43,15.6,127,2.8,3.06,.28,2.29,5.64,1.04,3.92,1065
1,13.2,1.78,2.14,11.2,100,2.65,2.76,.26,1.28,4.38,1.05,3.4,1050
1,13.16,2.36,2.67,18.6,101,2.8,3.24,.3,2.81,5.68,1.03,3.17,1185
1,14.37,1.95,2.5,16.8,113,3.85,3.49,.24,2.18,7.8,.86,3.45,1480
1,13.24,2.59,2.87,21,118,2.8,2.69,.39,1.82,4.32,1.04,2.93,735
```

在下面的代码片段中，我们可以根据数据集一次性绘出属性中的两个属性。在本例中，我们将绘制出酒精和苹果酸的属性。但是，为了将所有的可能特征组合都变成可视化的，我们将需要所有属性特征值的二项式系数。在本例中，13 个特征对应 78 个不同的组合，因此，必须执行降维的过程。具体如下：

```
import matplotlib
import matplotlib.pyplot as plt
```

首先，通过 getdata 函数把数据从数据集导入特征矩阵以及与每个记录值相关联的种类列表中。

```
def getData():
    lists = [line.strip().split(",") for line in open('wine.data',
'r').readlines()]
    return [list( l[1:14]) for l in lists], [l[0] for l in lists]
matrix, labels = getData()
xaxis1 = []; yaxis1 = []
xaxis2 = []; yaxis2 = []
xaxis3 = []; yaxis3 = []
```

然后选择两个特征值并通过变量 x 和 y 实现可视化。

```
x = 0 #Alcohol
y = 1 #Malic Acid
```

接下来，生成三组坐标，每组坐标分别对应数据集中三个不同类别的两个属性（x，y）。

```
for n, elem in enumerate(matrix):
    if int(labels[n]) == 1:
        xaxis1.append(matrix[n][x])
        yaxis1.append(matrix[n][y])
    elif int(labels[n]) == 2:
        xaxis2.append(matrix[n][x])
        yaxis2.append(matrix[n][y])
    elif int(labels[n]) == 3:
        xaxis3.append(matrix[n][x])
        yaxis3.append(matrix[n][y])
```

最后标出三个不同的类别并形成一个散点图。

```
fig = plt.figure()
```

```
ax = fig.add_subplot(111)
type1 = ax.scatter(xaxis1, yaxis1, s=50, c='white')
type2 = ax.scatter(xaxis2, yaxis2, s=50, c='red')
type3 = ax.scatter(xaxis3, yaxis3, s=50, c='darkred')
ax.set_title('Wine Features', fontsize=14)
ax.set_xlabel('X axis')
ax.set_ylabel('Y axis')
ax.legend([type1, type2, type3], ["Class 1", "Class 2", "Class
3"], loc=1)
ax.grid(True,linestyle='-',color='0.80')
plt.show()
```

如下图所示，我们可以看到每一个特征的点所代表的不同类别里酒精和苹果酸的数值。

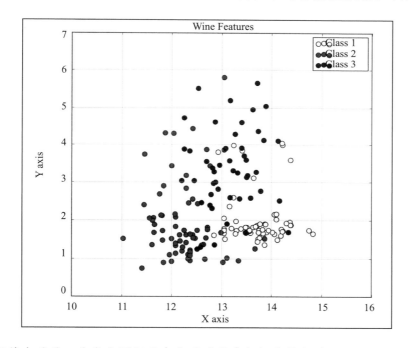

 我们将会需要一个散点图矩阵来实现对所有数据集特征的可视化。但是，这需要耗费大量计算资源，同时子一级散点图的数量将取决于特征数的二项式系数。参考第14 章，学习如何使用散点图矩阵和 RadViz 绘制多维度数据集。

8.2　降维

模型维度是数据集中独立属性的具体数量。为了降低模型的复杂性，我们需要在不损失准确性的情况下来降低维度。当我们在处理复杂的多维度数据时，我们需要选择一些特征来增加我们所使用的技术的准确性。有时候，我们不需要知道每一个变量是独立变量还是同其他一些变量共享一些关联性。我们需要一定的标准来找到最优的特征并在深思熟虑的情况下减少变量的数量。

为了解决这些问题，我们将执行三种技术：特征选择、特征抽取以及降维。

❑ **特征选择**：我们将选择一个特征子集来获得更好的训练次数或者提升模型精度。在数据分析中，找到反映问题的最优的特征经常需要受到直觉的指引，并且我们不会知道变量的真实价值直到检验它。然而，我们需要使用度量，例如互相关或提供给我们特征之间的互信息。互相关系数是测量两个变量之间关联度的一种方法，互信息是指度量两个变量相互性的一种方法。

❑ **特征抽取**：降维的特殊方法，由高维度空间（多变量数据集）转化而来，其目的是获得一个较低维度的空间（包含更多信息）。在本领域中 PCA 和**多维度度量**（Multidimensional Scaling，MDS）是两个典型的算法。特征抽取广泛地使用在图像处理、计算机视觉以及数据挖掘中。

❑ **降维**：当我们使用多维度数据进行工作时，有很多不同的现象可能会影响我们的数据分析结果。这种现象通常称为"维度的诅咒"（curse of dimensionality）。为了避免发生类似这样问题，我们会使用 PCA 或者 LDA 等一系列处理步骤。

 更多关于"维度的诅咒"的信息请访问：http://bit.ly/7xJNzm。

8.2.1 线性无差别分析

LDA 是找到特征值之间的线性组合的一种统计方法，通常可以被当成一种线性分类器。LDA 通常是在进行复杂分类之前使用的一种降维步骤。LDA 和 PCA 之间最主要的差别是 PCA 进行特征抽取，LDA 执行分类。LDA 的 mlpy 实现过程可以在链接 http://bit.ly/19xyq3H 中找到。

8.2.2 主成分分析

PCA 是最为常用的降维算法。PCA 是一种找寻线性不相关的特征子集（也称为主要因素）的算法。PCA 通常也用在**探索性数据分析**（EDA）中，可以经过可视化方法来找到数据集中最为重要的特征值。这时我们将对 Wine 数据集执行特征筛选和 PCA。在下面的代码片段中，我们将呈现 mlpy 中 PCA 的基本实现方式。

首先，导入 numpy、mlpy 以及 matplotlib 模块，如以下代码所示：

```
import numpy as np
import mlpy
import matplotlib.pyplot as plt
import matplotlib.cm as cm
```

其次，使用 numpy 的 loadtxt 函数来打开 wine.data 文件。

```
wine = np.loadtxt('wine.data', delimiter=',')
```

接下来，定义本例中的每一个特征值，选择特征值 2（Malic acid）、3（Ash）和 4（Alkalinity of ash）对应 X 轴，以及分组（其特征值为 0）对应 Y 轴。

```
x, y = wine[:, 2:5], wine[:, 0].astype(np.int)
print(x.shape)
print(y.shape)
```

在本例中，x.shape 和 y.shape 将呈现如下的样式：

```
>>> (178,3)
>>> (178,)
```

现在，创建一个新的 PCA 实例，同时使用 learn 函数根据 X 轴中选择的特征值来训练相应的算法。

```
pca = mlpy.PCA()
pca.learn(x)
```

接下来，对变量 x 中的特征值进行降维并将其转化为一个二维的子空间，此时参数 k=2。

```
z = pca.transform(x, k=2)
```

将转化的结果存储到变量 z 中，其外形如下：

```
print(z.shape)
>>> (178,2)
```

最后，使用 matplotlib 可视化 z 中存储的二维子 PCA 空间的散点图。

```
fig1 = plt.figure(1)
title = plt.title("PCA on wine dataset")
plot = plt.scatter(z[:, 0], z[:, 1], c=y, s=90, cmap=cm.Reds)
labx = plt.xlabel("First component")
laby = plt.ylabel("Second component")
plt.show()
```

在下图中，我们可以看到 PCA 结果的散点图，分别使用了绿色、蓝色和红色来突出每个种类。

我们也可以选择不同的特征值并查看不同的结果。当数据的分布十分密集时，我们将偏向于选择较少的属性，或者通过比例或者平均值的方法来混合部分属性。在下图中，我们可以看到使用更多的属性（例如 Alcohol、Malic acid、Ash、Alkalinity of ash、Magnesium 和 Total phenols）执行所得到的结果。鉴于此，我们可以看到散点图中点的不同分布。

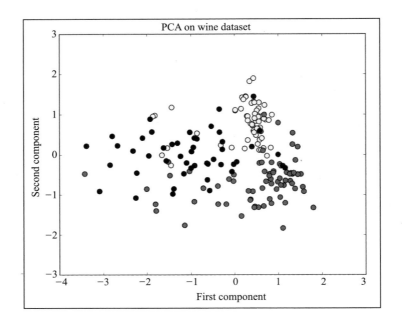

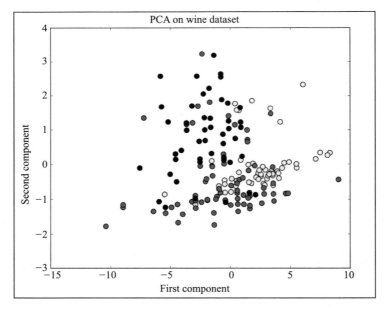

8.3 使用支持向量机

SVM 是结合核几何结构所形成的一种有监督的分类方法，具体如下图所示。分类以及回归均可以使用 SVM。因为分类问题可以被视为一个特别形态的回归问题，假设每个观察值被放置在唯一一个类别中。SVM 将寻找最优决策边界来将不同的点划入其所属的类别中。为了完成 SVM，我们将寻找更大的边界（与决策边界相平行且不包含训练样本的空间）。

在下图中，我们可以将分界线与虚线之间的空间作为边界，其扩展支持向量分类器以适应非线性类边界。SVM 将总是寻找一个整体解决方案，这是因为算法仅仅考虑了与决策边界最接近的向量。那些在边界边缘上的点就是支持向量。但是，这只适用于二维空间，当我们处理更高维度的空间时，决策边界就转化为超平面（最大决策边界），同时 SVM 将寻找最大边界的超平面。在本章中我们仅仅处理二维空间。

更多关于支持向量机和其他核技术的参考信息可以访问：http://www.support-vector-machines.org/。

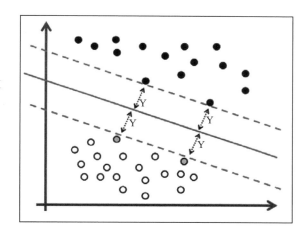

8.3.1　核函数

线性 SVM 有两个主要的限制。首先，结果分类器将是线性的；其次，我们需要一个可以进行线性分解的数据集。但是，在现实世界中，许多数据问题都不是线性模型。内核是一种创建合成变量的方法，它是单个变量的组合；其目标是将数据拟合到可以线性分离的空间中。因此，我们将会尝试不同种类的内核。SVM 支持许多不同的内核，但通常使用的有下列几类：

- ❏ **多项式**：$(<gamma*uT*v>+coef0)^{degree}$，在 mlpy 中定义为：kernel_type="poly"。

- ❏ **高斯**：$\exp\left(\dfrac{-(u-v)^2}{gamma}\right)$，在 mlpy 中定义为：kernel_type="rbf"。

- ❏ **Sigmoidal**：$\dfrac{1}{\sqrt{(u-gamma)^2+coef0^2}}$，在 mlpy 中定义为：kernel_type="sigmoid"。

- ❏ **反转多重二次曲面**：$\tanh(gamma*uT*v+coef0)$，在 mlpy 中不被支持。

8.3.2 双螺旋问题

双螺旋问题是一个复杂的人工问题，它试图通过螺旋形状来区分不同的类别。由于数值高度重叠而导致使用传统的分类器进行区分变得非常困难。数据集包括两类，呈现 3 个螺旋圈和 194 个点。从下图中可以看到，我们使用高斯内核的 SVM，并测试两种算法的不同 gamma 取值。gamma 属性界定了单一训练样本的距离。如果一个 gamma 值很低，说明属性比较远；如果 gamma 值较高，说明属性比较近。当我们将 gamma 值调整至 100 时，说明算法给出了更优解决方案。

 关于下图所示的更多信息，以及我们采用的代码和数据集可以从 mlpy 引用文件中找到，具体链接为 http://bit.ly/18SjaiC。

$$\tanh\left(gamma*uT*v+coef0\right)$$

8.3.3 在 mlpy 中实现 SVM

在下列代码中，我们为 mlpy 提供了一个 SVM 算法的简单实现，它实现了 LIBSVM 库。在本例中，我们将使用一个线性内核，假设 z 是一个由 PCA 方法降维后所形成的二维空间。

首先，创建一个 svm 实例，并定义内核的种类为 linear：

```
svm = mlpy.LibSvm(kernel_type='linear')
```

然后，通过函数 learn 来训练算法，该函数将被用作变量 z 中二维空间和变量 y 中存储的具体分类的参数。

```
svm.learn(z, y)
```

现在，创建一个网格坐标，其中 SVM 将执行一个预测来对结果进行可视化。我们将使用到 numpy 函数（例如 meshgrid 和 arange）来创建一个矩阵，然后通过 revel 函数将矩阵转化为预测器的一系列值。

```
xmin, xmax = z[:,0].min()-0.1, z[:,0].max()+0.1
ymin, ymax = z[:,1].min()-0.1, z[:,1].max()+0.1
xx, yy = np.meshgrid(np.arange(xmin, xmax, 0.01),
        np.arange(ymin, ymax, 0.01))
grid = np.c_[xx.ravel(), yy.ravel()]
```

通过 pred 函数，返回网格中每一个点的预测值。

```
result = svm.pred(grid)
```

最后，对每个散点图中的预测结果进行可视化。

```
fig2 = plt.figure(2)
title = plt.title("SVM (linear kernel) on PCA")
plot1 = plt.pcolormesh(xx, yy, result.reshape(xx.shape), cmap=cm.
Greys_r)
plot2 = plt.scatter(z[:, 0], z[:, 1], c=y, s=90, cmap=cm.Reds)
labx = plt.xlabel("First component")
laby = plt.ylabel("Second component")
limx = plt.xlim(xmin, xmax)
limy = plt.ylim(ymin, ymax)
plt.show()
```

从下图中我们可以看到使用线性内核的 SVM 所产生的散点图的具体结果。

我们可以看到三类的一个清晰划分。我们也可以看到分类结果并不取决于所有的点，实际上具体的划分只取决于这些点与决策边界间是否邻近。

$$\frac{1}{\sqrt{(u-gamma)^2 + coef0^2}}$$

在执行 SVM 的过程中使用了更多的训练属性，例如，Alcohol、Malic acid、Ash、Alkalinity of ash、Magnesium 以及 Total phenols 等，具体参考下图。由于此，该图具有不同的决策边界。然而，假如 SVM 无法找到一个线性的分隔线，代码将一直执行而进入一个无限循环中。

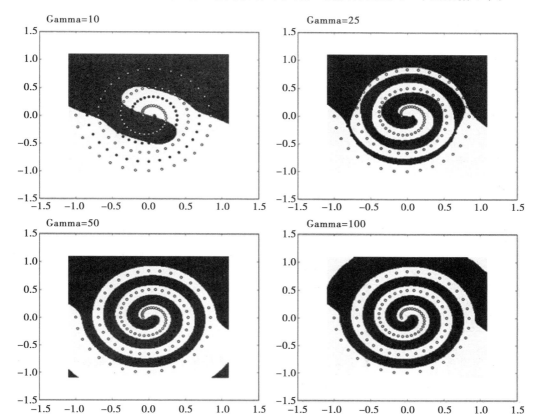

在下图中我们可以看到 SVM 高斯内核的实现结果，同时我们可以观察到非线性边界。为获得这个结果，需要更新的指令如下所示：

```
svm = mlpy.LibSvm(kernel_type='rbf' gamma = 20)
```

使用 PCA 和 SVM 对红酒进行分类的完整代码如下。

```
import numpy as np
import mlpy
import matplotlib.pyplot as plt
import matplotlib.cm as cm

wine = np.loadtxt('wine.data', delimiter=',')
x, y = wine[:, 2:5], wine[:, 0].astype(np.int)

pca = mlpy.PCA()
pca.learn(x)
z = pca.transform(x, k=2)
fig1 = plt.figure(1)
title = plt.title("PCA on wine dataset")
plot = plt.scatter(z[:, 0], z[:, 1], c=y, s=90, cmap=cm.Reds)
labx = plt.xlabel("First component")
laby = plt.ylabel("Second component")
plt.show()

svm = mlpy.LibSvm(kernel_type='linear')
svm.learn(z, y)

xmin, xmax = z[:,0].min()-0.1, z[:,0].max()+0.1
ymin, ymax = z[:,1].min()-0.1, z[:,1].max()+0.1
xx, yy = np.meshgrid(np.arange(xmin, xmax, 0.01),
        np.arange(ymin, ymax, 0.01))
grid = np.c_[xx.ravel(), yy.ravel()]

result = svm.pred(grid)

fig2 = plt.figure(2)
plot1 = plt.pcolormesh(xx, yy, result.reshape(xx.shape), cmap=cm.
Greys_r)
plot2 = plt.scatter(z[:, 0], z[:, 1], c=y, s=90, cmap=cm.Reds)
labx = plt.xlabel("First component")
laby = plt.ylabel("Second component")
limx = plt.xlim(xmin, xmax)
limy = plt.ylim(ymin, ymax)
plt.show()
```

 本章所有代码和数据集可以在作者的 GitHub 资料库中找到，具体链接如下：https://github.com/hmcuesta/PDA_Book/tree/master/Chapter8。

8.4　小结

本章中，我们了解了降维和使用 SVM 进行线性分类的相关内容。在我们的例子中，我们创建了一个简单但强大的 SVM 分类器，并且学习了如何在 Python 环境下采用 mlpy 和 PCA 方法进行降维。最后，我们还展示了如何使用非线性的内核，例如高斯或者多项式。本章所介绍的内容仅仅是对 SVM 二维空间算法的基础介绍，结果还可以通过多维度的方法进行改进。

下一章中，我们将学习如何对流行病事件（一种感染病）进行建模，以及如何在 D3.js 环境下通过细胞自动机模拟疾病的突然爆发。

Chapter 9 第 9 章

应用细胞自动机的方法对传染病进行建模

进行数据分析的目的之一是了解所研究的系统，建模就成为反映真实世界现象的自然选择。一个模型是对应现实事件的简单版本。但是，通过建模和模拟，我们能够尝试那些在现实中难以再现、再现成本较高或再现较为危险的场景。那么我们可以通过执行分析、界定阈值，以及提供决策所需要的信息的方法加以解决。在本章中，我们将在 JavaScript 中的 D3.js 环境下，通过**细胞自动机**（Cellular Automaton，CA）模拟对传染病的爆发情况进行建模。最后，我们将对比经典的**常微分方程**（Ordinary Differential Equations，ODE）的模拟结果。

本章将涵盖以下主题：

❏ 流行病学简介

❏ 流行病模型

❏ 对细胞自动机进行建模

❏ 通过 D3.js 模拟 CA 中的 SIRS 模型

9.1 流行病学简介

流行病学是对健康状态相关的决定因素及分布的研究。我们将研究一个病原体例如常见的流感或者 H1N1 等如何扩散到人群中。这一研究十分重要，因为流行病的爆发可以导致人类以及经济的巨大损失，1918 年在西班牙爆发流感，造成全球 4000 万人的死亡。请看下图：

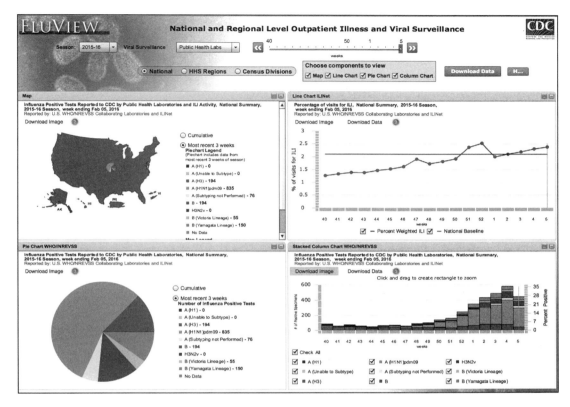

我们可以免费使用疾病管制中心（Center for Disease Control，CDC）的数据。基于这个时间序列数据，我们可以通过统计方法来对流行病进行描述或者进行原因推断。其数据通过问卷调查、医疗报告来获取。我们可以利用 CDC 流感趋势及其数据（可以 http://gis.cdc.gov/grasp/fluview/fluportaldashboard.html 免费获取）。

季节性流感数据获取网址为 http://www.cdc.gov/flu/。

流行病三角形

在下图中我们可以看到流行病的三角形，它代表了在流行病爆发时所必要的三个基本要素。我们可以看到有**媒介**、**据传染性的病原体**、**宿主**，通常指能够接受疾病的人类，宿主的行为与其所在的环境有较高的相关性；环境包含能够让疾病扩散的外部条件，例如地理、人口结构、气候和社会习惯。所有这些因素在一个时间周期中出现时，我们将看到疾病的偶然发生或者季节性发生。

在流行病学中需要考虑的一个最为重要的概念是**基础复制比例**（R-0），它用来衡量一个感染宿主在其传染周期内可以产生多少数量的感染病例的基础度量。但是，如果 R-0 值大于 1，那么感染就将能够在人群中扩散。如果 R-0 在敏感人群中取值等于 1，那么我们能够保持一种地方性疾病（地方病）在平衡范围内。

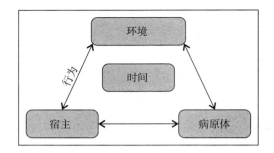

 对地方病、流行病和大流行病的定义如下：

- **地方病**（Endemic）：是一种在某一特定人群或者地理范围内持续存在的疾病。
- **流行病**（Epidemic）：是一种爆发后能够在同一时间影响到人群中很多个体的疾病。
- **大流行病**（Pandemic）：当流行病在全世界范围内发生时，称为大流行病。

对流行病概念的完整参考可以参看《Introduction to Epidemiology 6th Edition》，Ray M.Merrill，Jones & Bartlett Learning(2012)。

9.2 流行病模型

当想要描述一种病原体或者一种疾病是如何在人群中扩散的，我们需要使用数学、统计学或者计算机工具建立一个模型。在流行病学中最经常使用的模型是 SIR（susceptible，infected，recovered，易染，感染，免疫）模型，该模型在 McKendrick 和 Kermack 于 1927 年所撰写的论文 "A Contribution of the Mathematical Theory of Epidemics" 中首次发表。

在本章所呈现的模型中，假设一种固定的人口模式（无新生或者死亡）并且人口情况和社会经济变量不会影响疾病的扩散。

9.2.1 SIR 模型

SIR 流行病模型描述了一种疾病感染的过程，从下图可以看到，模型开始于易染人群（S），然后是与之相接触的感染人群（I），在感染期间，这些感染人群将保持感染的状态，直到感染期结束，个人才进入免疫阶段（R）。

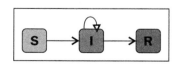

在本章中，我们将使用两种不同的方式来解决 SIR 模型，一种是数据建模，它通过**常微分方程**（Ordinary Differential Equation，ODE）系统来建模，然后，通过**细胞自动机**（Cellular Automation，CA）的计算机模型加以实现。两种模型在易染人群、感染人群和免

疫人群等三类人群中显示了一个共同的形态（共同的时间序列形态），即疾病爆发的时间节点。

在下图中我们可以看到用常微分方程组来代表的 SIR 模型。

$$
\begin{array}{ll}
\text{(a)} & \dfrac{dS}{dt} = -\beta * S * I \\[2mm]
\text{(b)} & \dfrac{dI}{dt} = \beta * S * I - \gamma * I \\[2mm]
\text{(c)} & \dfrac{dR}{dt} = \gamma * I
\end{array}
$$

9.2.2　使用 SciPy 来解决 SIR 模型的常微分方程

为了观测一种感染疾病的爆发，我们需要对 SIR 模型求解。在本例中，我们将使用 SciPy 模块中的 integrate 模型对常微分方程求解。在附录中可以找到 SciPy 的安装说明。

首先导入所需的 scipy 和 pylab 库。

```
import scipy
import scipy.integrate
import pylab as plt
```

然后定义 SIR_model 函数，其中包括常微分方程，beta 代表传播概率，gamma 定义为感染周期，x[0] 代表了易染人群，x[1] 代表了已经感染人群：

```
beta = 0.003
gamma = 0.1

def SIR_model(X, t=0):

 r = scipy.array([- beta*X[0]*X[1]
 , beta*X[0]*X[1] - gamma*X[1]
 , gamma*X[1] ])
return r
```

接下来定义初始 parameters（[susceptible，infected，recovered]）和 time（天数），然后通过 scipy.integrate.odeint 函数对常微分方程求解。

```
if __name__ == "__main__":

 time = scipy.linspace(0, 60, num = 100)
 parameters = scipy.array([225, 1,0])
 X = scipy.integrate.odeint(SIR_model, parameters,time)
```

SIR_model 的结果和下面的列表很相似，列表中将包含三个人群（易染人群、感染人群和免疫人群）在爆发时的不同天数下的状态：

```
[[  2.25000000e+02     1.00000000e+00     0.00000000e+00]
 [  2.24511177e+02     1.41632577e+00     7.24969630e-02]
 [  2.23821028e+02     2.00385053e+00     1.75121774e-01]
 [  2.22848937e+02     2.83085357e+00     3.20209039e-01]
 [  2.21484283e+02     3.99075767e+00     5.24959040e-01]
 . . .]
```

 本章所有的代码和数据集将可以在作者的 GitHub 资料库中找到，访问地址如下：https://github.com/hmcuesta/PDA_Book/tree/master/Chapter9。

最后将使用 pylab 对三个人群的不同状态进行可视化展示。

```
plt.plot(range(0, 100), X[:,0], 'o', color ="green")
plt.plot(range(0, 100), X[:,1], 'x', color ="red")
plt.plot(range(0, 100), X[:,2], '*', color ="blue")
plt.show()
```

在下图中我们可以看到 SIR 模型的转化率变化过程。

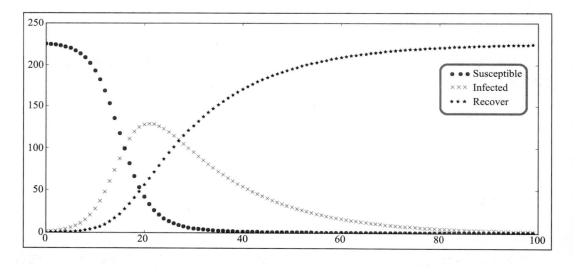

9.2.3 SIRS 模型

SIRS（易染人群、感染人群、免疫人群和易染人群）模型是对 SIR 模型的一个扩展。在本例中，在恢复过程中所得到的免疫能力将最终流失，这样的人群也将重新返回到易染人群的行列中，我们可以在右图中看到，SIRS 模型是一个循环。SIRS 模型带来了对其他类似于地方病和季节病等现象的研究机会。类似常见的 SIRS 案例有季节性流感、麻疹、白喉病和水痘等。

在右图中我们能够看到常微分方程组代表的 SIRS 模型。

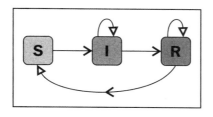

为了求解常微分方程（可以参考 9.2.1 节），我们需要创建 SIRS_model 函数，如下所示，其中变量 sigma 代表了 SIRS 常微分方程的恢复周期。我们使用 beta 变量来代表转化概率，使用 gamma 代表了感染周期。最后，我们将使用 x[0] 来代表易染人群，x[1] 代表感染人群，x[2] 代表免疫人群。

```
beta = 0.003
gamma = 0.1
sigma = 0.1

def SIRS_model(X, t=0):

  r = scipy.array([- beta*X[0]*X[1] + sigma*X[2]
    , beta*X[0]*X[1] - gamma*X[1]
    , gamma*X[1] ] -sigma*X[2])
  return r
```

9.3　对细胞自动机进行建模

细胞自动机 (CA) 是离散计算数学模型，由 John von Neumann 和 Stanislaw Ulam 所创。CA 代表了一种网格，在每个网格单元格中，将执行一个小的计算。在 CA 中，网格中的所有单元格将进行过程共享。CA 所呈现的行为类似于生物复制和进化。在本例中，我们认为每一个细胞单元格就是人群中的一个个体，个体之间的状态将根据社会交互（接触率）进行状态转变（适用于 SIR 和 SIRS 模型）。

作为一种动态系统的离散模型过程，CA 已经被认定为在诸如交通流、数字加密、水晶增长、候鸟迁移以及流行病爆发等不同领域普遍使用的建模方式。Stephen Wolfram，CA 领域中最具备影响力的研究者对 CA 的描述如下：

细胞自动机（CA）非常简单，因为它采用了数学分析的方式；但是却足够复杂，因为它能够展现复杂现象的巨大变化。

9.3.1 细胞、状态、网格和邻域

在 CA 中最基本的元素是单元格,它对应在网格中的一个特定坐标(或晶格)。每一个单元格都有有限的可能状态且当前状态将取决于一系列的规则和它周围单元格(邻域)的状态。当所有的单元格都遵循同样的规则且当规则适用于整个网格时,我们就认为新一代就产生了。

不同的邻域(见下图)有:

- ❑ Von Neumann(冯·诺依曼):它是包含 4 种单元格,在一个二维的正方形网格上正交围绕一个中心单元格。
- ❑ Moore(摩尔):是一种最常用的邻域,在一个二维的正方形网格上被 8 个单元格所围绕。
- ❑ Moore Extended(摩尔扩展):它与摩尔方式具有同样的行为方式,但可以将这种方法拓展到不同的距离中。
- ❑ Global(整体式):在本案例中,不会考虑几何距离,并且所有的单元格都有被其他的单元格访问的相同可能性(参考 9.3.2 节)。

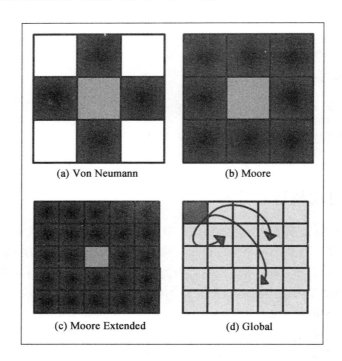

(a) Von Neumann   (b) Moore

(c) Moore Extended   (d) Global

 一个最著名的 CA 参考例子是 " Conway's Game of Life ",其中在一个二维的晶格中,所有的单元格要么处在生存状态,要么处在死亡状态。在链接 http://bl.ocks.org/sylvaingi/2369589 中,我们可以看到 D3.js 如何对 Game of Life 进行可视化展示。

9.3.2 整体随机访问模型

在此模型中，我们将定义均质种群中个体之间存在交互。接触是整体的和随机的，这意味着每个单元格都有相同的可能性与其他的单元格接触。在这个模型中，我们不用考虑地理距离、人口情况以及移居模式的限制。

 对于随机过程的相关信息可以访问：http://en.wikipedia.org/wiki/Stochastic_process。

9.4　通过 D3.js 模拟 CA 中的 SIRS 模型

在第 7 章中，我们已经研究了随机游走模拟的基础知识。在本章中，我们会在 JavaScript 环境下使用 D3.js 来模拟 SIRS 模型。

模拟器的界面如下图所示。这是一个简单的 15×15 的单元格网格（共计 225 个单元格）。Update 按钮可以将规则套用在网格中的全部单元格中。整个段落区域展示当前阶段下不同人群的状态。例如，易染人群 35 个，感染人群 153 个，免疫人群 37 个。最后，Statistics 按钮记录下每一次升级后易染人群、感染人群和免疫人群等的具体数量列表，并形成文件用于绘图。

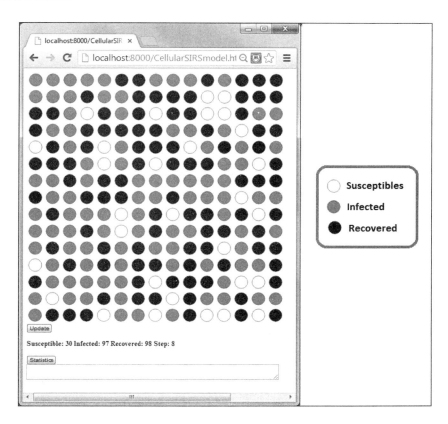

在 head 标签中引用库：

```html
<html>
<head>
  <script src="http://d3js.org/d3.v3.min.js"></script>
</head>
```

所采用的代码主要为 JavaScript。首先需要定义一些如网格、列表颜色、行列数等变量。同时，也需要包括 SIRS 模型中所涉及的变量，例如平均接触数量（avgContact）、扩散概率（tProb）、初始感染人数（initialInfected）、感染周期（timeInfection）以及免疫周期（timeRecover）。

```javascript
<body>
  <script type="text/javascript">

    var w = 600;
    var h = 600;

    var grid = [];
    var record = [];

    var colors = ["", "#F8F8F8", "#FF6633","000066"];
    var index = 0;
    var cols = 15;
    var rows =15;
    var nTimes = 0;
    var gridSize = (cols * rows);

    var avgContact = 4;
    var timeInfection = 2;
    var timeRecover = 4;
    var initialInfected = 10;
    var tProb = 0.2;
```

现在，我们将使用 push 函数在网格 grid 中填上易染人群的单元格。每个单元格将包含一个含有坐标、单一索引、初始状态（易染）以及时间周期（初始状态下的时间周期置为 0）等信息的数组。

```javascript
for(var i=0; i <rows; i++ ){
  for(var j=0;j<cols;j++){
    grid.push([i*40,
      j*40,
      "circle-"+index++,
      1,
      0]);
  }
}
```

接下来，我们需要定义一个新 SVG 的高度和宽度大小（600×600 像素），它需要在闭合 </body> 标签以前插入一个新的 <svg> 元素。

```
var svg = d3.select("body")
    .append("svg")
    .attr("width", w)
    .attr("height", h)
    .append("g")
    .attr("transform","translate(20,20)");
```

然后我们需要生成一个 circle 元素并将它增加到 svg 中。通过 data(grid) 函数，我们可以将每个数据中的具体数值称为 enter() 函数并增加一个 circle 元素。D3 可以让我们选择不同的元素组并通过 selectAll 函数进行操控。我们将使用网格列表中的每个单元格数组来定义坐标（cx，cy）、color 和 id：

```
svg.selectAll("circle")
  .data(grid)
  .enter()
  .append("circle")
  .attr("id", function(d) {
    return d[2];
  })
  .attr("cx", function(d) {
   return d[0];
  })
  .attr("cy", function(d) {
    return d[1];
  })
  .attr("r", function(d) {
   return 15;
  })
  .attr("fill", colors[1])
  .attr("stroke", "#666");
```

接下来创建 init 函数。当我们更新网页时才会调用此函数。init 函数将被随机地插入 CA 感染单元格的初始数字中：

```
function init(){
  for(var x = 0; x < initialInfected; x++ ){
    var i = Math.round(Math.random() * (gridSize-1));
    var cell = grid[i];
    if(cell[3]==1){
      cell[3] = 2;
      cell[4] = timeInfection;
    }
    grid[i] = cell;
    }
  prepareStep();
  }

init();
```

在 prepareStep 函数中，我们将对所有的小圈进行颜色填充来表示它们新的状态

（color[cell[3]]）。我们将使用函数 svg.select 中的 id(cell[2]) 来选择一个新的元素，并形成一种新的样式。prepareStep 函数也会计算三个人群中每一类的人口数量，并将这些数量展示在段落标签（status）中。最后，函数在记录列表中存储了当前步骤的统计结果。

```
function prepareStep(){
noSus = 0;
  noInfected = 0;
  noRecover = 0;
  nTimes++;

  for(var i = 0; i < gridSize; i++){
    var cell = grid[i];
    svg.select("#"+cell[2]).style("fill", colors[cell[3]]);

    if(cell[3] == 1){
      noSus++;
    }else if(cell[3] == 2){
      noInfected++;
    }else if(cell[3] == 3){
      noRecover++;
    }
  }
  record.push([noSus,noInfected,noRecover]);
    document.getElementById("status").innerHTML =
      " Suseptibles: "+ noSus+
      " Infected: "+noInfected+
      " Recovered: "+noRecover+
      " Times: "+ nTimes;
}
```

nextStep 函数将会把 SIRS 模式中定义的规则应用到每个单元格中以定义它们的新状态。我们将使用每个单元格的相应 ID 来定位具体的单元格，而不是使用它们（0 ~ 224）的坐标位置。这样将大大简化查找过程。

```
function nextStep(){

    for(var i=0; i < gridSize; i++){
```

我们将选取每个单元格并赋予它们被其他单元格访问的平均值：

```
var cell = grid[i];
```

我们将检查单元格是否已经处于免疫状态（3），如果此单元格仍然处在其所在的时间周期内，那么我们将仅仅需要递减相应的免疫周期。然而，如果免疫周期已经为 0，那么我们将执行转化过程，将其状态改变为易染人群（1）：

```
if(cell[3]==3){

  if(cell[4] > 0){
    cell[4] = cell[4] - 1;
```

```
      }else{
   cell[3] = 1;
   cell[4] = 0;
  }

}else{
```

现在，如果状态是 1 或者 2（易染或者感染），我们需要进行随机访问，然后比较第一个单元格（cell）和第二个单元格（sCell）的状态。如果它们有相同的状态，那么我们将继续进行第二次接触。如果两个单元格都是感染单元格，那么另外的单元格将会面临被转化的可能（tProb），并且如果它成为感染单元格，那么此网格中的单元格将被更新：

```
for(var j=0;j < avgContact ;j++){

  var sId = Math.round(Math.random() *
  (gridSize-1));
  var sCell = grid[sId];

  if(cell[3] == sCell[3]){
    continue;
    }else if (cell[3] == 2 && sCell[3] == 1){

      if(Math.random() <= tProb){

        sCell[3] = 2;
        sCell[4] = timeInfection;

      }

    }else if (cell[3] == 1 && sCell[3] == 2){
      if(Math.random() <= tProb){

        cell[3] = 2;
        cell[4] = timeInfection;

      }
    }
    grid[sId] = sCell;
  }
}
```

接下来，如果单元格处在感染状态（2），那么我们将检查是否此时间周期已经结束。在本例中，我们执行转化将其变为免疫状态。否则，我们只需要递减感染周期的时间（cell[4]）。

```
  if(cell[3] == 2 && cell[4] == 0 ){

  cell[3] = 3;
  cell[4] = timeRecover;
```

```
  }else if(cell[3] == 2 && cell[4] > 0 ){

    cell[4] = cell[4] - 1;

  }

  grid[i] = cell;
  }
}
```

update 函数通过访问 nextStep 函数和 prepareStep 函数触发了 CA 的一个新阶段。

```
function update(){
  nextStep();
  prepareStep();
}
```

statistics 函数将模拟统计值写在记录列表中的文本区域标签中（txArea）：

```
function statistics(){
  document.getElementById("txArea").value = ""+record;
}
</script>
```

最后，我们创建 Update 按钮、段落区域（状态）、Statistics 按钮以及文件区域（txArea）所需要的 HTML 代码。

```
<div id="option">
<input name="updateButton"
       type="button"
       value="Update"
       onclick="update()" />
</div>
<p id="status">Current Statistics</p>

<input name="updateButton"
       type="button"
       value="Statistics"
       onclick="statistics()" />
</br>
<textarea id=txArea
          cols = "70">
</textarea>
</body>
</html>
```

下图展示了我们可以观察到的疾病在第 1、3、6、9、11 和 14 阶段的爆发进度。我们可以看到 SIRS 模型在网格中的具体应用。

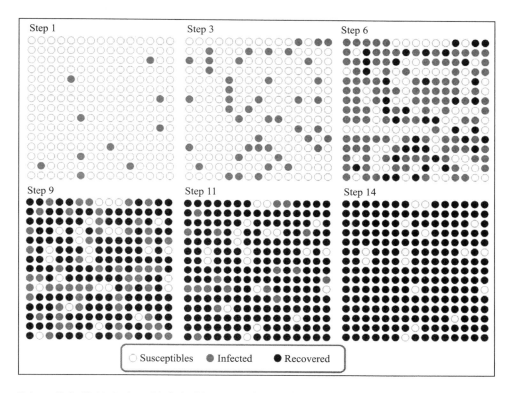

现在，我们将从文本区域中复制记录列表，并使用 python 的一小段脚本对结果进行可视化展示。

首先导入 pylab 和 numpy 模块：

```
import pylab as plt
import numpy as np
```

然后，通过记录列表来创建一个 numpy 数组：

```
data = np.array([215,10,. . .])
```

接下来，为了部署每一个人群，我们将通过 numpy 中的 reshape 方法改变数组的形状。第一个参数是 −1，因为首先不知道有多少步骤需要展现。第二个变量定义了数组的长度为 3（易染、感染和免疫）。

```
result = data.reshape(-1,3)
```

结果和下面的数组很相近：

```
[[215  10    0]
[153  72    0]
[ 54 171    0]
[  2 223    0]
```

```
[  0 225   0]
[  0 178  47]
[  0  72 153]
[  0   6 219]
[  0   0 225]
[ 47   0 178]
[153   0  72]
[219   0   6]
[225   0   0]]
```

最后，使用 plot 方法部署可视化的过程：

```
length = len(result)
plt.plot(range(0,length), result[:,0], marker = 'o', lw = 3,
color="green")
plt.plot(range(0,length), result[:,1], marker = 'x', linestyle = '--',
lw = 3, color="red")
plt.plot(range(0,length), result[:,2], marker = '*', linestyle =
':',lw = 3, color="blue")
plt.show()
```

　　下图展示了从开始直到单元格变成易染状态的整个时间周期范围内，三个人群的具体变化。

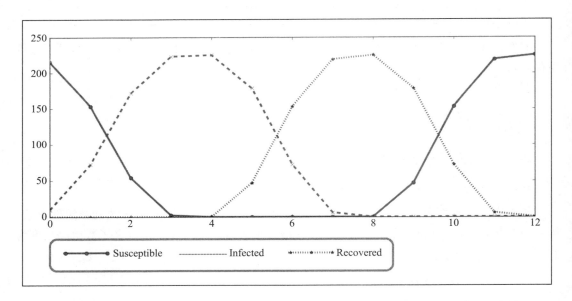

　　我们同时也可以对类似于感染阶段、初始感染的人群数量、转移的可能性、免疫周期等的参数进行控制。在下图中，我们可以看到对 SIR 模型的模拟，通过增加免疫周期直到一个无限大的数字，可以观察到，图形结果与数学模型 ODE 的结果非常相近。具体可参考 9.2.2 节。

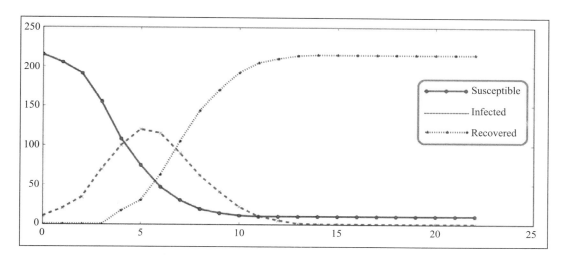

 本章中所有的代码和数据集可以在作者的 GitHub 资料库中找到，网址是 https://
github.com/hmcuesta/PDA_Book/tree/master/Chapter9。

9.5 小结

在本章中，我们介绍了流行病学的基础概念和两个基本的流行病模型（SIR 和 SIRS），
其为人到人之间的传输感染。然后，我们学习了如何进行建模并通过常微分方程组对流行
病模型进行求解。最后，我们开发了一个基本的模拟器来执行 SIRS 模型的细胞自动机。我
们尝试两个不同的参数并得到了有趣的结果。当然，这些案例知识仅用于教学目的。如果
我们对一个现实疾病进行建模，将需要一个流行病学家来提供精确且现实的参数。

在下一章中，我们将学习如何进行可视化，并利用 Gephi 和 Python，通过图形表现社
交网络站点。

Chapter 10 | 第 10 章

应用社交图谱

在本章中，我们将介绍图谱分析的最基本特征。首先，我们将区分图谱和社交图谱的结构差异。然后，我们将通过"度"或者"集中度"的概念来展示对图谱的基本操作。我们将使用 Gephi 对图谱进行展示，例如模块化分类、着色节点和布局分布。

最后将利用 D3.js 来创建我们自己的朋友图谱的可视化效果。

本章将涵盖以下主题：

❑ 社交图谱分析

❑ 使用 Gephi 再现图谱

❑ 图谱的统计学分析（度和集中度）

❑ 通过 D3.js 实现图谱的可视化

10.1 图谱的结构

图谱就是一组节点（顶点）和连接（边）的集合。每一条边包含一对节点引用（例如源或目标）。连接可以是有向的或者无向的，取决于关系是否是相互关系。在计算机领域表示一个图谱的最常见方法是使用相邻矩阵。我们采用矩阵指数作为节点的识别符，相关系数值来代表是否存在连接，当取值为 1 时，说明存在连接；当取值为 0 时，说明不存在连接。节点间的连接可能存在标量值（权重）来定义节点之间的距离。图谱广泛地使用在社交网络、流行病学、互联网、政府、商业以及社交网络领域中并用来发现群组和信息的拓散。

10.1.1　无向图

在无向图中，目标节点和源节点之间没有差异。在下图中我们可以看到，相邻矩阵是对称的，也就是说节点之间的关系是相互的，这种图谱在 Facebook 中广泛使用。

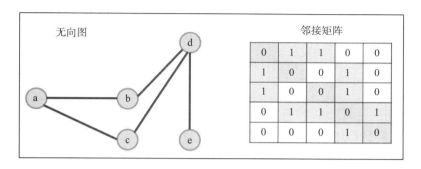

10.1.2　有向图

在有向图中，我们可以通过箭头来表示从源节点到目标节点的方向，这就产生了一种不对称的关系（单向关系）。在本章案例中，我们将使用两类不同的度：入度和出度。在相近矩阵中我们可以看到它是不对称的。这在类似 Twitter 的网络应用中特别有用，在这样的场景下我们将有关注者，但没有朋友，这意味着存在的预设关系并非相互的，所以我们将使用两个度，入度（关注者）和出度（关注别人）。

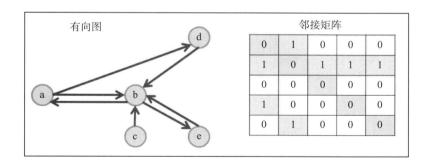

10.2　社交网络分析

社交网络分析（Social Network Analysis，SNA）并非一项全新的技术，长期以来，社会学家就已经使用这种技术研究人类关系、寻找社区，并模拟信息或者疾病在人群中的传播。

当 Facebook、Twitter、LinkedIn 等社会化网站发展起来以后，获取大量社交网络数据变得更加容易。我们可以使用 SNA 来对客户行为或者不名社区进行深入了解。值得一提的是，进行社交网络分析并不是一件烦琐的工作，我们将面临很多诸如解析数据以及处理噪音数据等（无意义数据）问题。我们需要理解如何区别错误关系和因果关系。通过可视化和统计分析的方法来了解我们的图谱是一个良好的开端。

社交网站带给我们提出问题的机遇，这是因为如果采用问卷调查的方法来聚集足够的人数是一件耗时且耗费资金的工作。

在本章中，首先我们将从 Facebook 上面获得社交网络图谱来对我们的朋友关系进行可视化。然后我们将学习如何从 Facebook 的性别或喜好等比例构成数据（非图谱数据）中获得更加深层次的理解。其次，我们将探索图谱中朋友关系的分散度和集中度。最后，我们将通过 D3.js 来创造交互的可视化。

10.3　捕获 Facebook 图谱

在 Facebook 中朋友代表了节点，朋友之间的关系用连接表示，但是我们从中所获得的信息远不止这些，还包括了性别、年龄、关注列表、喜好、政治关系、宗教等。Facebook 为我们提供了完整的应用编程接口 (API) 来获取它的数据。你可以访问链接 https://developers.facebook.com/ 来获取更多的信息。

另外一个有趣的选择是斯坦福大型网络数据集集合（Stanford Large Network Dataset Collection），我们可以找到组织良好的社会化网络数据集，它的特点是匿名发布，并且用于教学目的。更多信息可以访问链接 http://snap.stanford.edu/data/。

 使用匿名数据，可以判断出两个用户是否归属于同一团体，但并不知道他们具体归属的团体所代表的含义。

在本章中，我们用到的 Facebook 图谱，其中有 1274 名朋友，包含 43 000 种关系，如下图所示。

这会帮助我们了解从社交网络中如何结交朋友，并且我们可能会在其中发现模式及群组。

 访问链接 https://github.com/hmcuesta/Datasets/ 下载本章所使用的数据。

数据名称为 firnds.gdf，具体代码如下所示：

```
nodedef>name VARCHAR,label VARCHAR,gender VARCHAR,locale
VARCHAR,agerank INT
23917067,Jorge,male,en_US,106
23931909,Haruna,female,en_US,105
35702006,Joseph,male,en_US,104
503839109,Damian,male,en_US,103
532735006,Isaac,male,es_LA,102
. . .
edgedef>node1 VARCHAR,node2 VARCHAR
23917067,35702006
23917067,629395837
```

```
23917067,747343482
23917067,755605075
23917067,1186286815
. . .
```

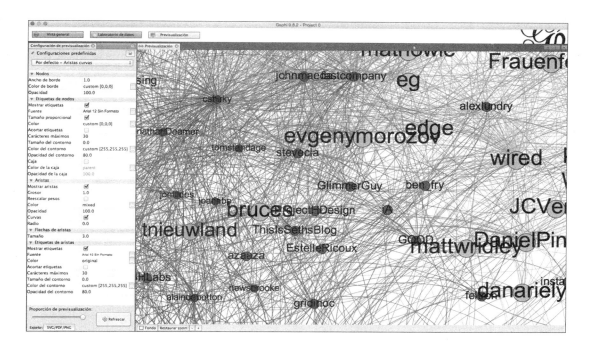

10.4　使用 Gephi 再现图谱

Gephi 是用于进行可视化和大型网络图谱分析的一个开源软件，它可以运行在 Windows、Linux 以及 Mac OS X 操作系统中。我们可以在它的网站（https://gephi.org/users/download/）中免费下载。

对社会化图谱进行可视化，你只需要打开 Gephi，点击 File 菜单，选择 Open，然后找到我们所需要的文件 friends.gdf 并点击 Open 按钮。然后，可以看到的图谱如下图所示。

在下图中，我们可以看到图形的可视化（1274 个节点和 43 928 个链接）。节点代表朋友，链接代表了朋友之间的联系。该图看起来非常密集，无法为我们提供更有价值的信息，下一步是通过模块化算法和颜色分类找到群组：

 对 Gephi 的完整的参考文档，请参阅链接 https://gephi.org/users/。

在界面中，我们可以 Context 标签，它显示了节点和边的数量。我们可以通过点击窗口底部的 T 图标来显示节点标签。为了了解图中节点组织的真实性质，我们需要检测社区，如家庭、同学、亲密的朋友，等等。Gephi 实现了模块化的算法，此算法由 Vincent D.

Blondel 创造，可以迅速展开社交网络，将朋友分群，请看下图：

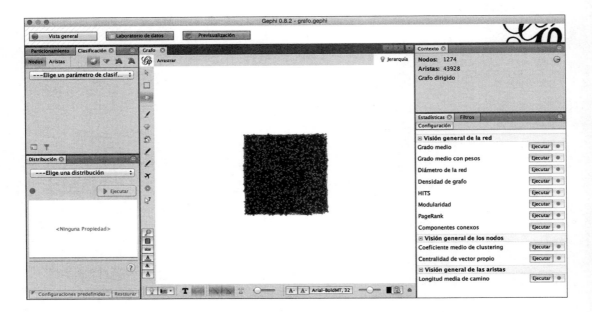

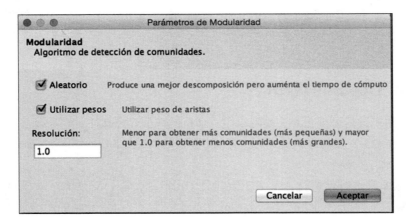

在 Statistics（统计）面板中，我们点击模块化，这将产生一个模块化的报告，如下图所示，在这里我们可以看到社区的数量、分布和模块化率。

下一步是生成基于我们已经取得的模块化设计的颜色分类。我们需要转到 Classification（分类）面板并选择 Modularity（模块化类），如下图所示。然后，我们可以选择的颜色范围为社区并单击"Apply"按钮。这会改变颜色的节点，但它仍然看起来非常密集，所以我们需要应用布局分布。

然后，我们可以通过在布局选项卡中选择"Choose a layout"来应用不同的布局算法。

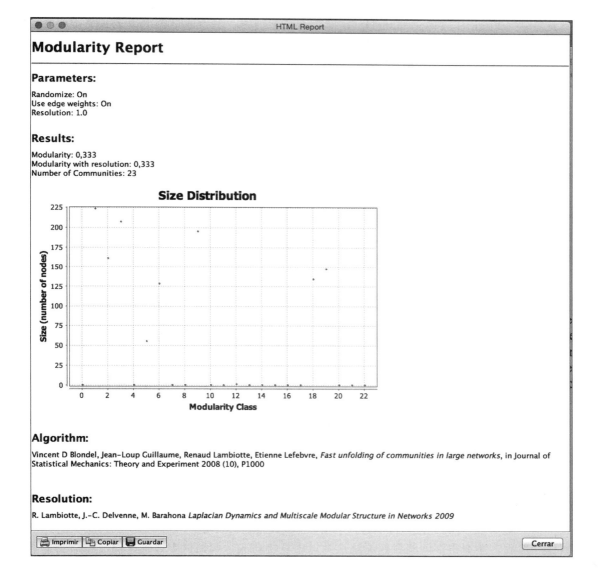

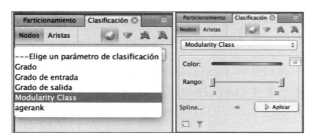

在这种情况下，我们可以使用不同的布局来得到更多可理解的画面。我们可以利用胡

一凡算法（Yifan Hu Proporcional），在推荐系统中绘图，然后通过删除重复的节点，使用"扩展"方式来获取更详细的社区分群信息。

在下图中，我们可以看到通过使用 Fruchterman-Reingold 布局算法对图谱进行可视化后的预览结果。Fruchterman-Reingold 算法是一种作用力导向的布局算法。作用力导向的布局算法是（二维或者三维）空间图谱绘制算法家族的一员，它能够采用一种更具美感的方式来展现节点和边。

一旦可视化图形准备好了，我们可以点击"Preview"按钮预览图形，并可以将可视化图形输出（Export）为 PDF、SVG 或 PNG 格式。

 更多关于 Fruchterman-Reingold 布局算法的信息可以访问 http://wiki.gephi.org/index.php/Fruchterman-Reingold。

10.5 统计分析

从 Facebook 图谱中我们可以轻而易举地找到许多信息，例如朋友数量和每个人的个人数据。然后，还有很多问题我们无法从站点中直接获取，例如男女性别比例，我的朋友中有多少是共和党，或者谁是我最好的朋友。这些问题通过一些简单的编码和基本的统计分析可以轻而易举地得到回答。在本章中，我们将首先解决男女性别比例的问题，因为我们已经通过 Netvizz 获得了 GDF 文件，其中包含了性别值。

 为了简化编码，我们将 myFacebookNet.gdf 文件分成两个 CSV，一个用于节点（nodes.csv），另一个用于连接（links.csv）。

男女比例数据

在这个例子中，我们将使用 nodes.csv 文件中的性格值并使用饼图对男女比例数据进行可视化展示。

文件 nodes.csv 的内容如下：

```
nodedef>name VARCHAR,label VARCHAR,gender VARCHAR,locale VARCHAR,agerank
INT
23917067,Jorge,male,en_US,106
23931909,Haruna,female,en_US,105
35702006,Joseph,male,en_US,104
503839109,Damian,male,en_US,103
532735006,Isaac,male,es_LA,102
. . .
```

首先，导入所需要的库。

```
import numpy as np
import operator
from pylab import *
```

在 str 格式中使用 usecoles 属性，numpy 的 gengromtxt 函数将只从 nodes.csv 文件中获得性别一列的数据。

```
nodes = np.genfromtxt("nodes.csv",
                      dtype=str,
                      delimiter=',',
                      skip_header=1,
                      usecols=(2))
```

从 operator 模块中调用 countOf 函数来找出列表中有多少 'male' 节点。

```
counter = operator.countOf(nodes, 'male')
```

获得 male 和 female 的百分比。

```
male = (counter *100) / len(nodes)
female = 100 - male
```

制作正方形图形（figure）和坐标轴（axes）。

```
figure(1, figsize=(6,6))
ax = axes([0.1, 0.1, 0.8, 0.8])
```

每一个部分将被进行排序并按照逆时针方向进行布置。

```
labels = 'Male', 'Female'
ratio = [male,female]
explode=(0, 0.05)
```

使用 pie 函数来定义图形的参数，例如分解（explode）、标签（labels）以及标题（title）。

```
pie(ratio,
    explode=explode,
    labels=labels,
    title('Male to Female Ratio',
            bbox={'facecolor':'0.8', 'pad':5})
```

通过 show 函数来执行可视化过程。

```
show()
```

在下图中，我们可以看到一个饼图。在本例中我们观察到 54.7% 为男性，45.3% 为女性。

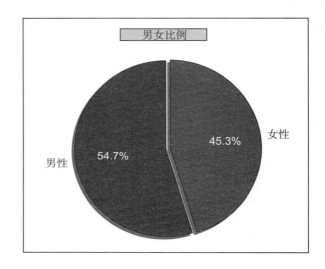

10.6　度的分布

节点的度是指该节点与其他节点相连接的边的数量。在直接图谱情况下，每一个节点都包括两种度：出度和入度。在间接图谱中，关系是相互的，所以我们只有一个简单的节点的度的概念。在下面的代码段中我们可以从文件 links.csv 中获得源节点和目标节点的参考值。然后，我们将创建一个简单的列表用于将源节点和目标节点进行整合。最后，我们可以根据列表获得每个节点出现的次数并形成数据字典（dic），同时通过 matplotlib 函数将结果部署在柱状图中。

文件 links.csv 的内容具体如下：

```
edgedef>node1 VARCHAR,node2 VARCHAR
23917067,35702006
23917067,629395837
23917067,747343482
```

```
23917067,755605075
23917067,1186286815
...

import numpy as np
import matplotlib.pyplot as plt

links = np.genfromtxt("links.csv",
                        dtype=str,
                        delimiter=',',
                        skip_header=1,
                        usecols=(0,1))
dic = {}
for n in sorted(np.reshape(links,558)):
    if n not in dic:
        dic[n] = 1
    else:
        dic[n] += 1
plt.bar(range(95),list(sort.values()))
plt.xticks(range(95), list(sort.keys()), rotation=90)
plt.show()
```

在下图中，我们可以看到每一个图谱节点的度，其中有 11 个节点并没有任何连接。在本例中，图谱 106 个节点中我们只考虑了 95 个，这 95 个节点的度至少为 1。

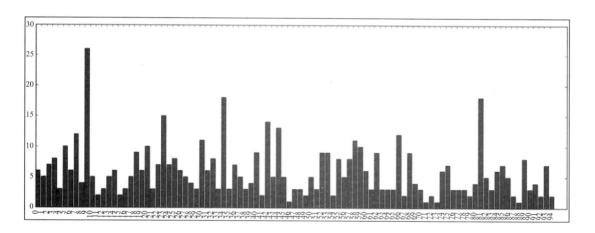

10.6.1　图谱直方图

现在，我们将通过直方图来探索图谱的结构。我们将创建一个关于直方图的数据字典（histogram），其中包含了分别有多少节点的度为 1、2，直至 26（在本图谱中一个节点可以达到的最大的度）。然后，我们将使用散点图来获取直方图效果。

```
histogram = {}

for n in range(26):
    histogram[n] = operator.countOf(list(dic.values()), n)

plt.bar(list(histogram.keys()),list(histogram.values()))
plt.show()
```

在下图中，我们可以看到图谱的直方图。那么这里提出的逻辑问题就是"关于图谱直方图可以告诉我们什么？"答案是在直方图中我们可以看到一种模式：图谱中的很多节点只有很少量的度以及减少量。当我们沿着 X 轴从左往右移动，我们可以看到大多数节点的度为 3。我们也可以看到，一个新的节点获取较高的度的可能性很小，这与 Zipfian 分布相吻合。大多数人类所产生的数据代表了这样的分布，例如单词表、字母表中的字母等。

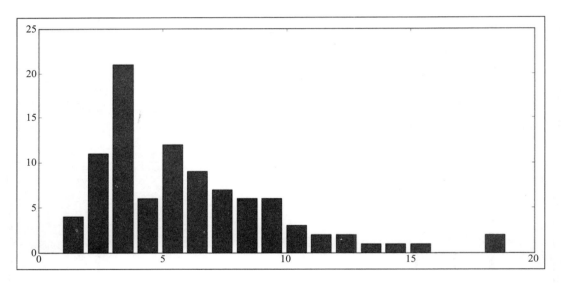

 更多关于 Zipfian 分布的信息可以访问 http://en.wikipedia.org/wiki/Zipf's_law。其他的图谱分布是指数分布，并且通常以随机图谱的形式呈现。

10.6.2 集中度

如果想要理解每一个单独节点在整个图谱中的重要性，我们需要界定出它的集中度，此概念用来衡量节点在图谱中的相对重要程度。测算集中度有很多方法，例如紧密度（最短路径的平均长度）或者中间性（通过某个特定节点所经过的最短路径片段数）。在本例中，我们将定义集中度为最强关联性节点，同时我们将通过直接数据探索来验证最强关联性节点的集中度方式。

在下面的脚本片段中，我们将使用 lambda 函数来对数据字段的取值进行分类，然后将数据的排序变成从大到小，这样在一开始就能够获取到最大的节点度。

```
sort = sorted(dic.items(), key=lambda x: x[1], reverse=True)
```

结果如下：

```
[('100001448673085', 26),
 ('100001452692990', 18),
 ('100001324112124', 18),
 ('100002339024698', 15),
 ('100000902412307', 14),
 . . . ]
```

在下图中，我们可以看到用 Gephi 和 Yifan Hu 布局算法所建立的图谱可视化结果。通过直接数据探索，我们可以对最高度的节点添加明显易辨的颜色，可以说该节点就是中心节点。在 Gephi 界面上，点击 Ranking 标签，在组合框中，选择 Degree 选项。点击 Color 选项，选择出最高的范围（26/27）。点击 Apply 按钮（参见下图中有下划线的选项）。我们也可以改变与中心节点相联系的首个节点的颜色，然后观察不同组织间联系的紧密程度。我们可以通过 Gephi 中的画图工具进行选择，只需选取与中心节点相联系的所有节点。事实上，这个过程与通过排序找到最高节点度的方式是一致的（ID 100001448 673085）。

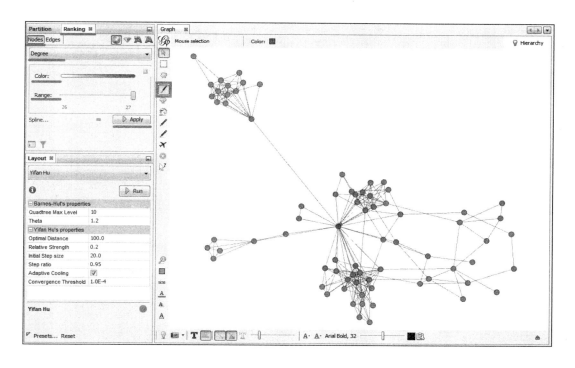

我们可以创建自己的中心度算法，不仅仅基于度的概念。例如，我们可以找到分享数量的集中度和中心推荐节点的偏好数量。这意味着一个节点即使有较低的度，却可能对信息的融合与处理有更强大的影响；或者一个特定的节点连接了几个不同的群组。这也是社交网络之美。

10.7 将 GDF 转化为 JSON

Gephi 是一种快速获得结果的简易工具。但是，如果想要呈现出在线的互动方式，我们需要执行另外一种不同的可视化方法。为了实现网络版的图谱，我们需要将 GDF 文件转化成 JSON 格式。

首先，导入 numpy 和 json 库。关于 JSON 格式的更多信息，可以参考第 2 章。

```
import numpy as np
import json
```

通过在 'object' 格式中使用 usecoles 属性，numpy 的 genfromtxt 函数将从 nodes.csv 中获得单独的 ID 和 name。

```
nodes = np.genfromtxt("nodes.csv",
                      dtype='object',
                      delimiter=',',
                      skip_header=1,
                      usecols=(0,1))
```

通过在 'object' 格式中使用 usecoles 属性，numpy genfromtxt 的函数可以获得 links.csv 文件中源节点的边数和目标节点的边数。

```
links = np.genfromtxt("links.csv",
                      dtype='object',
                      delimiter=',',
                      skip_header=1,
                      usecols=(0,1))
```

在本章中所执行的图谱布局在 D3.js 框架下若应用 JSON 格式，需要将节点列表中的 ID（例如，100001448673085）转化为数值型。查询 ID 并将列表中的 ID 连接转化为位置信息。

```
for n in range(len(nodes)):
    for ls in range(len(links)):
        if nodes[n][0] == links[ls][0]:
            links[ls][0] = n

        if nodes[n][0] == links[ls][1]:
            links[ls][1] = n
```

创建一个数据字典"data"来存储 JSON 文件。

```
data ={}
```

创建节点列表，其中采用格式包含了朋友名称 "nodes": [{"name": "X"}，{"name": "Y"}，...]
并将其添加到 data 字典中。

```
lst = []
for x in nodes:
    d = {}
    d["name"] = str(x[1]).replace("b'","").replace("'","")
    lst.append(d)

data["nodes"] = lst
```

创建包含了源和目标的链接列表，格式如 "links"：[{"source"：0，"target"：2}，
{"source"：1，"target":2}，...]，并将其添加到 data 字典中。

```
lnks = []

for ls in links:
    d = {}
    d["source"] = ls[0]
    d["target"] = ls[1]
    lnks.append(d)

data["links"] = lnks
```

创建一个 newJson.json 文件，通过 json 库的 dumps 函数将 data 数据字典写入该文件。

```
with open("newJson.json","w") as f:
    f.write(json.dumps(data))
```

Neo4j 是一个健壮的事务处理型的属性图谱数据库。更多关于 Neo4j 的信息可以访问 http:// www.neo4j.org/。

文件 newJson.json 的具体内容如下：

```
{"nodes": [{"name": "Jorge"},
        {"name": "Haruna"},
        {"name": "Joseph"},
        {"name": "Damian"},
        {"name": "Isaac"},
        . . .],
  "links": [{"source": 0, "target": 2},
        {"source": 0, "target": 12},
        {"source": 0, "target": 20},
        {"source": 0, "target": 23},
        {"source": 0, "target": 31},
        . . .]}
```

10.8 在 D3.js 环境下进行图谱可视化

D3.js 通过 d3.layout.force() 函数帮助我们使用 Force Atlas 布局算法来实现图谱的可视化。关于如何通过 D3.js 来实现可视化的具体内容可以参考第 3 章。

首先，我们需要定义节点、边以及节点标签的 CSS 样式。

```
<style>

.link {
  fill: none;
  stroke: #666;
  stroke-width: 1.5px;
}

.node circle
{
  fill: steelblue;
  stroke: #fff;
  stroke-width: 1.5px;
}

.node text
{
  pointer-events: none;
  font: 10px sans-serif;
}
</style>
```

调用 d3js 库。

```
<script src="http://d3js.org/d3.v3.min.js"></script>
```

为 svg 容器定义 width 和 height 参数，并将其纳入 body 标签中。

```
var width = 1100,
    height = 800

var svg = d3.select("body").append("svg")
    .attr("width", width)
    .attr("height", height);
```

定义作用力布局的具体属性，例如重力（gravity）、距离（distance）和大小（size）等。

```
var force = d3.layout.force()
    .gravity(.05)
    .distance(150)
    .charge(-100)
    .size([width, height]);
```

使用 JSON 格式从图谱中获取数据。我们需要配置参数 node 和 links。

```
d3.json("newJson.json", function(error, json) {
  force
```

```
    .nodes(json.nodes)
    .links(json.links)
    .start();
```

 更多关于 d3js Force 布局实施的完整参考内容可以访问 https://github.com/mbostock/d3/
wiki/Force-Layout。

根据 JSON 数据将边定义为线。

```
var link = svg.selectAll(".link")
    .data(json.links)
  .enter().append("line")
    .attr("class", "link");

var node = svg.selectAll(".node")
    .data(json.nodes)
  .enter().append("g")
    .attr("class", "node")
    .call(force.drag);
```

定义节点的大小为 6 并包括每个节点的标签。

```
node.append("circle")
  .attr("r", 6);

node.append("text")
    .attr("dx", 12)
    .attr("dy", ".35em")
    .text(function(d) { return d.name });
```

最后，通过函数 tick 一步一步地执行作用力布局模拟。

```
  force.on("tick", function()
{
    link.attr("x1", function(d) { return d.source.x; })
        .attr("y1", function(d) { return d.source.y; })
        .attr("x2", function(d) { return d.target.x; })
        .attr("y2", function(d) { return d.target.y; });

    node.attr("transform", function(d)
    {
            return "translate(" + d.x + "," + d.y + ")";
    })
    });
});
</script>
```

在下图中，我们可以看到可视化的结果。为了运行可视化，我们只需要打开命令终端
并执行如下命令：

```
>>python -m http.server 8000
```

当我们打开网络浏览器并输入 http://localhost:8000/ForceGraph.html 后，在相应的 HTML

页面中，我们可以看到 Facebook 图谱以重力效果进行展示，同时我们可以对图上的节点进行拖曳的互动操作。

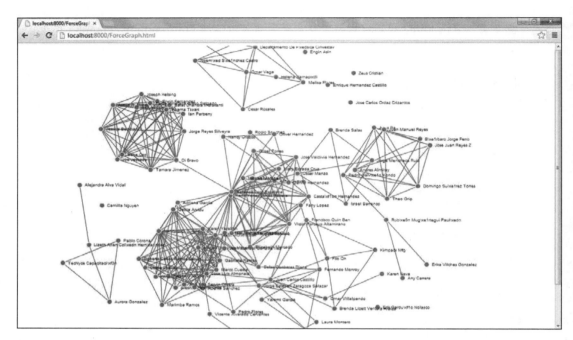

 本章中所有的代码和数据集都可以在作者的 GitHub 资料库中找到，具体链接为 https://github.com/hmcuesta/PDA_Book/Chapter1。

可视化的完整代码如下：

```
<meta charset="utf-8">
<style>

.link
{
  fill: none;
  stroke: #666;
  stroke-width: 1.5px;
}
.node circle
{
  fill: steelblue;
  stroke: #fff;
  stroke-width: 1.5px;
}

.node text
{
```

```
   pointer-events: none;
   font: 10px sans-serif;
}
</style>
<body>
<script src="http://d3js.org/d3.v3.min.js"></script>
<script>

var width = 1100,
    height = 800

var svg = d3.select("body").append("svg")
    .attr("width", width)
    .attr("height", height);

var force = d3.layout.force()
    .gravity(.05)
    .distance(150)
    .charge(-100)
    .size([width, height]);

d3.json("newJson.json", function(error, json) {
  force
      .nodes(json.nodes)
      .links(json.links)
      .start();

  var link = svg.selectAll(".link")
      .data(json.links)
    .enter().append("line")
      .attr("class", "link");

  var node = svg.selectAll(".node")
      .data(json.nodes)
    .enter().append("g")
      .attr("class", "node")
      .call(force.drag);

  node.append("circle")
    .attr("r", 6);

  node.append("text")
      .attr("dx", 12)
      .attr("dy", ".35em")
      .text(function(d) { return d.name });

  force.on("tick", function()
{
    link.attr("x1", function(d) { return d.source.x; })
        .attr("y1", function(d) { return d.source.y; })
```

```
            .attr("x2", function(d) { return d.target.x; })
            .attr("y2", function(d) { return d.target.y; });

        node.attr("transform", function(d)
    { return "translate(" + d.x + "," + d.y + ")"; });
    });
});
</script>
</body>
```

10.9　小结

本章我们接触了如何从 Facebook 图谱中获取相应的数据并进行可视化，发现社区，利用颜色节点，以及通过在 Gephi 中应用类似 Yifan Hu、Force Atlas 和 Fruchterman-Reingold 的方式进行布局。然后，我们介绍了获得聚集信息的一些统计方式，例如度、集中度、分布以及比例等。最后，我们通过 D3.js 框架将 GDF 转化为 JSON，并开发我们自己的可视化工具。

在下一章中，我们将介绍 Twitter API，包括如何获取、展示和分析 tweet。然后，我们将着手进行情感分析。

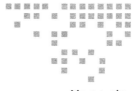

第 11 章 | *Chapter 11*

分析 Twitter 数据

在本章中，我们将了解如何从 Twitter 获取数据。探索互动的基本元素，如转发、点赞及话题榜。一开始，我们介绍 Python 环境下的 Twitter API。然后，我们区别 Twython 库中的基本元素和利用 OAuth 作为认证过程。最后，我们展示数据收集的即时性和数据流的应用。

本章将涵盖以下主题：

❏ 解析 Twitter 数据
❏ 使用 OAuth 访问 Twitter API
❏ 开始使用 Twython
❏ API 流

随着社交网站的激增，人们普遍采用大规模实时方式进行交谈。但是，我们需要对此特别小心，因为社交网站通常存在很多噪声信息，这也是为什么我们需要尽可能多的数据来获取人们真实的想法。

探索 Twitter 是找出人们正在交流的主要话题的最好方法之一。社交网站帮助我们加强交流，并且以很短的格式来传授知识，例如，最多包含 140 个字符的 Twitter。

11.1　解析 Twitter 数据

Twitter 是一个社交网站，它提供共享少于 140 字的文本消息（tweet）的微博客服务。我们可以从类似 tweet（微博信息）、follower（粉丝）、favorite（赞）、direct message（直接消息）以及 trending topic（热门话题）等 Twitter 信息中获取丰富多样的数据。

在 http：//twitter.com 中我们可以创建一个新的 Twitter 账户。

11.1.1　tweet

tweet 是对 140 个字长的文本信息进行的一种命名。但是，除文本信息本身外，我们还能够得到更多的信息，例如**日期和时间**、**链接**、**被提名用户**（@）、**# 号标签**（#）、**转发数**、**地区语言**、**点赞的数量**（favorites count），以及**地理编码**。在下图中，我们可以看到一条被转发了 745 次的 tweet，被点赞 1944 次，包含一个 # 号标签（#War Eagle）以及被提名用户（@FootballAu 和 @CoachGuzMalzahn）。

11.1.2　粉丝

Twitter 用户可以成为其他用户的粉丝从而建立一种有向图（详见第 10 章内容），并进行一系列可能的分析，例如集中度或者社区集群等。在本例中，默认的关系并非相互的，所以在 Twitter 中我们存在两种度；入度和出度，当我们想要找到群体中最有影响力或者两个群体间的关键联系人时，这种度量是非常有用的。

 可以在下面的链接中找到 Twitter 工程师团队的博客：http://engineering.twitter.com/。

11.1.3　热门话题

热门话题是指在每一个特定时间点或者地区范围内在 Twitter 用户中有较高流行性的言语或者 # 标签。热门话题是数据分析的主要领域，例如探测当前趋势或者预测未来的趋势。这些是信息扩散理论中的主要议题。在下图中，我们可以看到用来根据你所在的位置改变对应定制化趋势的对话框（根据你所在位置和关注来改变热门话题）。

11.2　使用 OAuth 访问 Twitter API

为了访问 Twitter API，我们将使用**令牌身份认证系统**（To Ken-Based Authentication）。Twitter 应用要求使用 OAuth（开放式验证协议），它是一种认证的开放标准。OAuth 允许 Twitter 用户输入用户名和密码来获取 4 种令牌。令牌让用户连接 Twitter API 而不需要使用用户名和密码。在本章中，我们将使用 Twitter REST API 1.1 版本，它发布于 2013 年 6 月 11 日，此版本强制要求使用 OAuth 来获取 Twitter 数据。

 关于令牌身份认证系统，可以参考 http://bit.ly/bgbmnK。

首先，我们需要访问 https://dev.twitter.com/apps，然后通过我们的 Twitter 用户名和密码登录，具体如下图。

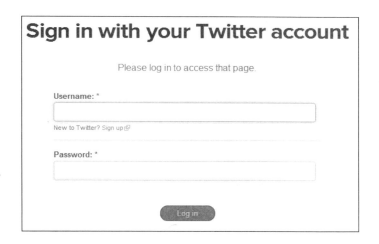

然后，点击 Create a new application（创建一个新的应用）按钮，见下图，并输入资料：

❑ **姓名**：PracticalDataAnalysisBook（可以输入任何名称，但不能是 Twitter）。
❑ **描述**：Practical Data Analysis Book Examples（任何你想要的描述）。
❑ Website：可以是你自己的博客或者网站。
❑ **访问地址（URL）**：此处可以为空。

接下来输入验证码并点击 Create（创建）按钮。

My applications

Looks like you haven't created any applications yet!

Create a new application

最后，在接下来的操作步骤中，我们将点击 Create my access token（创建我的访问

令牌)，有时你需要过几秒后手动刷新页面。在下图中，我们可以看到 4 个认证令牌：分别是 Consumer key、Consumer secret、Access token 和 Access token secret。

OAuth settings

Your application's OAuth settings. Keep the "Consumer secret" a secret. This key should never be human-readable in your application.

Access level	Read-only
	About the application permission model
Consumer key	
Consumer secret	
Request token URL	https://api.twitter.com/oauth/request_token
Authorize URL	https://api.twitter.com/oauth/authorize
Access token URL	https://api.twitter.com/oauth/access_token
Callback URL	None
Sign in with Twitter	No

Your access token

Use the access token string as your "`oauth_token`" and the access token secret as your "`oauth_token_secret`" to sign requests with your own Twitter account. Do not share your `oauth_token_secret` with anyone.

Access token	
Access token secret	
Access level	Read-only

现在，我们可以使用信令的方式来处理多用户访问以及对采用 Twitter 查询接口的多个网站进行访问。但是，这种方式仅能够实现每 15 分钟 180 个请求。

 关于 Twitter 查询接口、限制、最佳实践以及评估限制的内容可以访问下面的网址：http://dev.twitter.com/docs/using-search。

11.3　开始使用 Twython

在本章中，我们将使用 Twython 3，它是 Twitter API 1.1 的 Python 封装。我们可以从 pypi Python 网站上下载到 Twython 最近的版本，网址为 https://pypi.python.org/pypi/twython。

然后，我们需要解压缩并打开 twython 文件夹。最后我们使用下面的命令来安装 twython 模块。

```
>>> python3 setup.py install
```

或者，我们可以通过使用下面的命令对 Twython 进行安装。

```
MacBook-Pro-de-Hector-3:~ hectorc$ sudo pip install twython
The directory '/Users/hectorc/Library/Caches/pip/http' or its parent directory is not owned by
 the current user and the cache has been disabled. Please check the permissions and owner of t
hat directory. If executing pip with sudo, you may want sudo's -H flag.
The directory '/Users/hectorc/Library/Caches/pip' or its parent directory is not owned by the
current user and caching wheels has been disabled. check the permissions and owner of that dir
ectory. If executing pip with sudo, you may want sudo's -H flag.
Collecting twython
  Downloading twython-3.4.0.tar.gz
Collecting requests>=2.1.0 (from twython)
  Downloading requests-2.10.0-py2.py3-none-any.whl (506kB)
    100% |████████████████████████████████| 512kB 316kB/s
Collecting requests_oauthlib>=0.4.0 (from twython)
  Downloading requests_oauthlib-0.6.1-py2.py3-none-any.whl
Collecting oauthlib>=0.6.2 (from requests_oauthlib>=0.4.0->twython)
  Downloading oauthlib-1.1.2.tar.gz (111kB)
    100% |████████████████████████████████| 112kB 380kB/s
Installing collected packages: requests, oauthlib, requests-oauthlib, twython
  Running setup.py install for oauthlib ... done
  Running setup.py install for twython ... done
Successfully installed oauthlib-1.1.2 requests-2.10.0 requests-oauthlib-0.6.1 twython-3.4.0
```

对 Twython 文件的完整参考信息参见 https://twython.readthedocs.org/en/latest/index.html。

对 Twitter 库进行编程例如 Java、C#、Python 的完整语言列表可以访问：https://dev.
twitter.com/docs/twitter-libraries。

11.3.1　利用 Twython 进行简单查询

在本例中，我们将查询单词"python"，然后输出状态的完整列表以便深入理解获取
tweet 的格式。

首先，从 twython 库中导入 Twython 对象：

from twython import Twython

然后，使用 OAuth 定义 4 种令牌（见 11.2 节）：

```
ConsumerKey  = "..."
ConsumerSecret = "..."
AccessToken = "..."
AccessTokenSecret = "..."
```

现在，我们需要将令牌作为参数来创建 Twython 对象：

```
twitter = Twython(ConsumerKey,
                  ConsumerSecret,
                  AccessToken,
                  AccessTokenSecret)
```

接下来，我们将进行搜索，使用 search 方法，在关键词参数 q 中详细说明需要搜索的文本：

```
result = twitter.search(q="python")
```

Twython 将 JSON 发送给我们的 Twitter 转化为朴素的 Python 对象。但是，如果认证申请失败，搜索将获取一个报错信息，具体如下：

```
{"errors":[{"message":"Bad Authentication data",
  "code":215}]}
```

最后，我们将对 result["statueses"] 列表进行迭代然后输出每个状态（tweet）：

```
for status in result["statuses"]:
  print(status)
```

每次输出的结果将按照类 JSON 结构进行收集，具体如下：

```
{'contributors': None,
 'truncated': False,
 'text': 'La théorie du gender.... Genre Monty python ! http://t.
co/3nTUhVR9Xm',
 'in_reply_to_status_id': None,
 'id': 355753364802764801,
 'favorite_count': 0,
 'source': '<a href="http://twitter.com/download/iphone"
rel="nofollow">Twitter for iPhone</a>',
 'retweeted': False,
 'coordinates': None,
 'entities': {'symbols': [],
        'user_mentions': [],
        'hashtags': [],
        'urls': [{'url': 'http://t.co/3nTUhVR9Xm',
            'indices': [46, 68],
            'expanded_url': 'http://m.youtube.com/watch?feature=youtube_
gdata_player&v=ePCSA_N5QY0&desktop_uri=%2Fwatch%3Fv%3DePCSA_
N5QY0%26feature%3Dyoutube_gdata_player',
            'display_url': 'm.youtube.com/watch?feature=…'}]},
            'in_reply_to_screen_name': None,
        'in_reply_to_user_id': None,
        'retweet_count': 0,
        'id_str': '355753364802764801',
        'favorited': False,
        'user': {'follow_request_sent': False,
            'profile_use_background_image': True,
            'default_profile_image': False,
            'id': 1139268894,
```

          'verified': False,

          'profile_text_color': '333333',

          'profile_image_url_https': 'https://si0.twimg.com/profile_
images/3777617741/d839f0d515c0997d8d18f55693a4522c_normal.jpeg',

          'profile_sidebar_fill_color': 'DDEEF6',

          'entities': {'url': {'urls': [{'url':
 'http://t.co/7ChRUG0D2Y',

      'indices': [0, 22],

      'expanded_url': 'http://www.manifpourtouslorraine.fr',

      'display_url': 'manifpourtouslorraine.fr'}]},

      'description': {'urls': []}},
 'followers_count': 512,
 'profile_sidebar_border_color': 'C0DEED',
 'id_str': '1139268894',
 'profile_background_color': 'C0DEED',
 'listed_count': 9,
 'profile_background_image_url_https':
 'https://si0.twimg.com/images/themes/theme1/bg.png',
 'utc_offset': None,
 'statuses_count': 249,
 'description': "ON NE LACHERA JAMAIS, RESISTANCE !!\r\nTous
 nés d'un homme et d'une femme\r\nRetrait de la loi Taubira
 !\r\nRestons mobilisés !",
 'friends_count': 152,
 'location': 'moselle',
 'profile_link_color': '0084B4',
 'profile_image_url':
 'http://a0.twimg.com/profile_images/3777617741/d839f0d515c099
   7d8d18f55693a4522c_normal.jpeg',
 'following': False,
 'geo_enabled': False,
 'profile_banner_url':
 'https://pbs.twimg.com/profile_banners/1139268894/1361219172',
 'profile_background_image_url':
 'http://a0.twimg.com/images/themes/theme1/bg.png',
 'screen_name': 'manifpourtous57',
 'lang': 'fr',
 'profile_background_tile': False,

```
'favourites_count': 3,
'name': 'ManifPourTous57',
'notifications': False,
'url': 'http://t.co/7ChRUG0D2Y',
'created_at': 'Fri Feb 01 10:20:23 +0000 2013',
'contributors_enabled': False,
'time_zone': None,
'protected': False,
'default_profile': True,
'is_translator': False},
'geo': None,
'in_reply_to_user_id_str': None,
'possibly_sensitive': False,
'lang': 'fr',
'created_at': 'Fri Jul 12 18:27:43 +0000 2013',
'in_reply_to_status_id_str': None,
'place': None,
'metadata': {'iso_language_code': 'fr', 'result_type':
'recent'}}
```

我们同样可以限定结果获取的方式为轮询的方法，主要针对 JSON 结构的结果进行。例如，为了获得 user 和 text 的状态，可以将命令修改成如下代码：

```
for status in result["statuses"]:
    print("user: {0} text: {1}".format(status["user"]["name"],
    status["text"]))
```

输出的前 5 个状态结果如下：

user: RaspberryPi-Spy text: RT @RasPiTV: RPi.GPIO Basics Part 2, day 2 -
Rev checking (Python & Shell) http://t.co/We8PyOirqV

user: Ryle Ploegs text: I really want the whole world to watch Monty
Python and the Holy Grail at least once. It's so freaking funny.

user: Matt Stewart text: Casual Friday night at work... #snakes #scared
#python http://t.co/WVld2tVV8X

user: Flannery O'Brien text: Kahn the Albino Burmese Python enjoying the
beautiful weather :) http://t.co/qvp6zXrG60

user: Cian Clarke text: Estonia E-Voting Source Code Made Public
http://t.co/5wCulH4sht - open source, kind of! Python & C http://t.
co/bo3CtukYoU

. . .

对 JSON 结构进行轮询能够帮助我们只获得我们所关注的信息。我们可以定义多重的关键词参数同时定义结果类型参数为 result_type= "popular"。

关于 searches/tweets 的完整信息可以访问 https://dev. twitter.com/docs/api/1.1/get/ search/tweets。

11.3.2　获取时间表数据

在本例中，我们将展示如何获取我们自己的时间表和不同用户的时间表的数据。
首先，我们需要从 twython 库导入 Twython 对象并将其创建为一个实例：

```
from twython import Twython
ConsumerKey       = "..."
ConsumerSecret    = "..."
AccessToken       = "..."
AccessTokenSecret = "..."
twitter = Twython(ConsumerKey,
                  ConsumerSecret,
                  AccessToken,
                  AccessTokenSecret)
```

现在，为了获得我们自己的时间表，我们将使用 get_home_timeline 方法。

```
timeline = twitter.get_home_timeline()
```

最后，我们对时间表进行迭代并输出 user name、created_at 和 text。

```
for tweet in timeline:
  print(" User: {0} \n Created: {1} \n Text: {2} "
    .format(tweet["user"]["name"],
      tweet["created_at"],
      tweet["text"]))
```

输出的前 5 个结果如下：

```
User: Ashley Mayer
Created: Fri Jul 12 19:42:46 +0000 2013
Text: Is it too late to become an astronaut?
User: Yves Mulkers
Created: Fri Jul 12 19:42:11 +0000 2013
Text: The State of Pharma Market Intelligence http://t.co/v0f1DH7KZB
User: Olivier Grisel
Created: Fri Jul 12 19:41:53 +0000 2013
Text: RT @stanfordnlp: Deep Learning Inside: Stanford parser quality
improved with new CVG model. Try the englishRNN.ser.gz model. http://t.
co/jE…
user: Stanford Engineering
Created: Fri Jul 12 19:41:49 +0000 2013
```

```
Text: Ralph Merkle (U.C. Berkeley), Martin Hellman (#Stanford Electrical
#Engineering) and Whitfield Diffie… http://t.co/4y7Gluxu8E
User: Emily C Griffiths
Created: Fri Jul 12 19:40:45 +0000 2013
Text: What role for equipoise in global health? Interesting Lancet blog:
http://t.co/2FA6ICfyZX

. . .
```

另外，如果我们想要获取某个具体用户的时间表，例如 stanfordeng，我们将使用 get_user_timeline 方法，并定义所选用户的 screen_name 参数，我们也能够通过 count 参数来获取 5 个具体的结果：

```
tl = twitter.get_user_timeline(screen_name = "stanfordeng",
  count = 5)
for tweet in tl:
  print(" User: {0} \n Created: {1} \n Text: {2} "
      .format(tweet["user"]["name"],
            tweet["created_at"],
            tweet["text"]))
```

Stanford Engineering（@stanfordeng）时间表中的前 5 个状态如下：

```
Created: Fri Jul 12 19:41:49 +0000 2013
Text: Ralph Merkle (U.C. Berkeley), Martin Hellman (#Stanford Electrical
#Engineering) and Whitfield Diffie… http://t.co/4y7Gluxu8E
User: Stanford Engineering
Created: Fri Jul 12 15:49:25 +0000 2013
Text: @nitrogram W00t!! ;-)
User: Stanford Engineering
Created: Fri Jul 12 15:13:00 +0000 2013
Text: Stanford team (@SUSolarCar) to send newest creation, solar
car #luminos for race in Australia: http://t.co/H5bTSEZcYS. via @
paloaltoweekly
User: Stanford Engineering
Created: Fri Jul 12 02:50:00 +0000 2013
Text: Congrats! MT @coursera: Coursera closes w 43M in Series B. Doubling
in size to focus on mobile, apps platform &amp; more! http://t.co/
WTqZ7lbBhd
User: Stanford Engineering
Created: Fri Jul 12 00:57:00 +0000 2013
Text: Engineers can really benefit from people who can make intuitive or
creative leaps. ~Stanford Electrical Engineering Prof. My Le  #quote
```

 我们可以找到关于 home_timeline 和 user_timeline 方法的完整参考，具体参见链接 http://bit.ly/nEpIW9 和 http://bit.ly/QpgvRQ。

11.3.3　获取粉丝数据

在本例中，我们将展示如何获取每一个特定 Twitter 用户的 followers（粉丝）列表数据。
首先，我们需要从 twython 库导入 Twython 对象并将其创建为一个实例：

```
from twython import Twython
ConsumerKey       = "..."
ConsumerSecret    = "..."
AccessToken       = "..."
AccessTokenSecret = "..."
twitter = Twython(ConsumerKey,
                  ConsumerSecret,
                  AccessToken,
                  AccessTokenSecret)
```

然后，我们将采用 get_follower_list 方法，并使用 screen_name（用户名）或者 user_id
（Twitter 用户 ID）来返回粉丝列表。

```
followers = twitter.get_followers_list(screen_name="hmcuesta")
```

接下来，我们对 followers["users"] 列表进行迭代并输出所有的粉丝：

```
for follower in followers["users"]:
  print(" {0} \n ".format(follower))
```

每个用户的情况如下：

```
{'follow_request_sent': False,
 'profile_use_background_image': True,
 'default_profile_image': False,
 'id': 67729744,
 'verified': False,
 'profile_text_color': '333333',
 'profile_image_url_https':
 'https://si0.twimg.com/profile_images/374723524/iconD_normal.gif',
 'profile_sidebar_fill_color': 'DDEEF6',
 'entities': {'description': {'urls': []}},
 'followers_count': 7,
 'profile_sidebar_border_color': 'C0DEED',
 'id_str': '67729744',
 'profile_background_color': 'C0DEED',
 'listed_count': 0,
 'profile_background_image_url_https':
 'https://si0.twimg.com/images/themes/theme1/bg.png',
 'utc_offset': -21600,
 'statuses_count': 140,
```

```
'description': '',
'friends_count': 12,
'location': '',
'profile_link_color': '0084B4',
'profile_image_url':
'http://a0.twimg.com/profile_images/374723524/iconD_normal.gif',
'following': False,
'geo_enabled': False,
'profile_background_image_url':
'http://a0.twimg.com/images/themes/theme1/bg.png',
'screen_name': 'jacobcastelao',
'lang': 'en',
'profile_background_tile': False,
'favourites_count': 1,
'name': 'Jacob Castelao',
'notifications': False,
'url': None,
'created_at': 'Fri Aug 21 21:53:01 +0000 2009',
'contributors_enabled': False,
'time_zone': 'Central Time (US & Canada)',
'protected': True,
'default_profile': True,
'is_translator': False}
```

最后，我们将列出用户（screen_name）、名称以及 tweet 数量（statuses_count）。

```
for follower in followers["users"]:
  print(" user: {0} \n name: {1} \n Number of tweets: {2} \n"
      .format(follower["screen_name"],
              follower["name"],
              follower["statuses_count"]))
```

输出结果的前 5 个粉丝下：

```
user: katychuang
name: Kat Chuang, PhD
number of tweets: 1991


user: fractalLabs
name: Fractal Labs
number of tweets: 105


user: roger_yau
```

```
name: roger yau
number of tweets: 70


user: DataWL
name: Data Without Limits
number of tweets: 1168


user: abhi9u
name: Abhinav Upadhyay
number of tweets: 5407
```

 关于 get_followers_list 方法的全部参考信息，可以访问 https://dev.twitter.com/docs/
api/1.1/get/followers/list。

11.3.4　获取地点和趋势信息

本例中，我们将获取每一地点的热门话题。为了确定地点信息，Twitter API 使用了
Yahoo! WOEID（Where On Earth ID）。

首先，我们需要从 twython 库导入 Twython 对象并将其创建为一个实例：

```
from twython import Twython
ConsumerKey       = "..."
ConsumerSecret    = "..."
AccessToken       = "..."
AccessTokenSecret = "..."
twitter = Twython(ConsumerKey,
                  ConsumerSecret,
                  AccessToken,
                  AccessTokenSecret)
```

然后，我们将使用 get_place_trends 并定义地点参数 id=(WOEID)：

```
result = twitter.get_place_trends(id = 23424977)
```

 关于 get_place_trends 方法的完整信息，可以访问 https://dev.twitter.com/docs/api/
1.1/get/trends/closest。

获得 WOEID 的最简单方法是通过 Yahoo!Query Language（YQL）控制台，这是一种
类似 SQL 的语法形式；所以如果我们想要找到"Denton, TX"的 WOEID，字符串查询语
句如下所示：

```
select * from geo.places where text="Denton, TX"
```

在链接 http://developer.yahoo.com/yql/console/ 中可以找到控制台，并且可以通过点击

Text 按钮对查询语句进行测试。

在下图中，我们可以看到以 JSON 格式保存的查询结果，图中箭头指出了 WOEID 的属性。

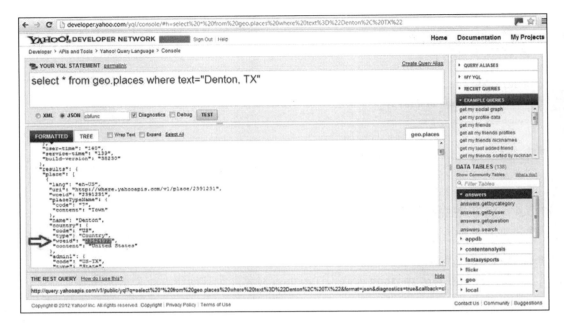

最后，我们对 result 列表进行迭代，然后输出每个 trend 的 name：

```
if result:
    for trend in result[0].get("trends", []):
        print("{0} \n".format(trend["name"]))
```

在"Denton, TX"的热门话题中，如下所示：

#20FactsAboutMyBrother

#ImTeamTwist

Ho Lee Fuk

#FamousTamponQuotes

#TopTenHoeQuotes

#BaeLiterature

Cosart

KTVU

NTSB

Pacific Rim

11.3.5 获取用户数据

在此示例中，我们将检索特定用户的信息，如 tweet、粉丝、粉丝个人资料等。

首先，我们需要从 twython 库导入 Twython 对象，然后，我们需要查找使用的用户的名称，用以下的代码查找：

```
users = twitter.lookup_user(screen_name = "datacampmx")
```

最后，我们只需要输出用户的信息；这是非常有用的，例如，如果我们需要了解自己的粉丝和主要关注对象，或获取他们的个人资料。我们可利用下图中的完整代码来查找：

```
twitter = Twython(ConsumerKey,
                  ConsumerSecret,
                  AccessToken,
                  AccessTokenSecret)
users = twitter.lookup_user(screen_name = "datacampmx")
for user in users:
    print "image: "      + user["profile_image_url_https"]
    print "twitts: "     + str(user["statuses_count"])
    print "followers: "  + str(user["followers_count"])
    print "followings: " + str(user["friends_count"])
    print "time zone: "  + user["time_zone"]

image: https://pbs.twimg.com/profile_images/744959798962094080/edTbc-mg_normal.jpg
twitts: 361
followers: 266
followings: 669
time zone: Pacific Time (US & Canada)
```

11.3.6　API 流

API 流通过 HTTP 产生持久连接，这意味着我们可能会保存查询并等待响应，等到新的信息可以被查询时，服务器会向客户端发送响应。API 流的使用大大减少了到服务器的连接数，进而减少了网络延迟。

由于社交网站的内容是用户生成的，每一秒都持续更新，因此它是很好的数据流来源。例如，当我们谈论奥林匹克运动会或是每日华尔街期货交易时，我们需要知道某些事件的实时状态。当你需要处理实时数据时，可以使用 API 流。Twython 为我们提供了流媒体的能力，我们可以运行过滤器命令。

首先，我们需要由 twython 库导入并实例化 TwythonStreamer 对象：

```
from twython import TwythonStreamer

ConsumerKey  = "..."
ConsumerSecret = "..."
AccessToken = "..."
AccessTokenSecret = "..."
```

接下来，我们创建 MyStreamer 分类，该分类帮助我们定义流对象。为了达到目的，我们将定义两种方法。第一种是 on_success，它会定义流的逻辑性。我们会输出 tweet 的内容作为示例。第二种是 on_error，当错误发生时，它输出大量的错误信息。本示例将继续运行，直到我们终止进程；如果需要由代码中停下数据流，我们必须在 on_success 方法中包含 self.disconnect()。

```
class MyStreamer(TwythonStreamer):
    def on_success(self, data):
        if 'text' in data:
            print data['text'].encode('utf-8')

    def on_error(self, status_code, data):
        print status_code, data
```

在此基础上，我们通过调用 MyStreamer 的构造函数，启动 stream 对象，我们将其本身的 OAuth 密钥作为参数：

```
stream = MyStreamer(ConsumerKey,
                    ConsumerSecret,
                    AccessToken,
                    AccessTokenSecret)
```

最后，我们从 stream 对象调用 statuses.filter 方法，并使用 track 参数定义我们将使用的 tweet 的关键字。

```
stream.statuses.filter(track='cnn')
```

看代码执行的结果如下图所示。

```
In [*]:  from twython import TwythonStreamer

         ConsumerKey  = "41EltwaPLNgsn0Q4VS5g"
         ConsumerSecret = "augwZxzQGsJuyfzLzGn0ASpherv2YgpeLTKEXXFk"
         AccessToken = "141340589-WhKonOAcDmCX1MVJNpd3UEB2gvzZt2nmPBJfMy3o"
         AccessTokenSecret = "LDsdOa9Mex2yZ0AMud4eUe0mlcqvvsycwp0yneSWQw"

         class MyStreamer(TwythonStreamer):
             def on_success(self, data):
                 if 'text' in data:
                     print data['text'].encode('utf-8')

             def on_error(self, status_code, data):
                 print status_code, data

         stream = MyStreamer(ConsumerKey,
                             ConsumerSecret,
                             AccessToken,
                             AccessTokenSecret)

         stream.statuses.filter(track='cnn')
```

```
"Frustrated"??? More like mad. Angry. Righteous indignation. "Frustrated" is a traffic jam. This was a man's LIFE!!!
https://t.co/Wuwc6vI5OL
RT @ssirah: Capek2 ngitung ulang ktp 😂😂 https://t.co/K7JoTPyTCC
RT @magnifier661: 🔌CNN OFFICIAL BLACKOUT👏
JULY 1ST - JULY14TH
@Toyota @etrade @WellsFargo @sprint @GEICO
#BlackOutCNN #Trump2016 https://t…
#USA#news Wimbledon 2016: Dresses too revealing?: Nike's flimsy attire for women's pros at Wimbledon is gener... http
s://t.co/9ZyME2XP8L
RT @cnnarabic: الداخلية المصرية تعلن مقتل كامن كنيسة مارجرجس في #العربي برصاص مجهول.. و" #داعش" يتبنى #مصر_الكنيسة#
https://t.co/sJQYHH4hAE
RT @CNNPolitics: .@realDonaldTrump: "I totally disavow the Ku Klux Klan" https://t.co/PElISCG7gC https://t.co/DImhdKS
W6B
#DOMA# Wimbledon 2016: Dresses too revealing? https://t.co/9ZyME2XP8L
Feds: Stop driving these Honda models right now https://t.co/3caFJLellf
Wimbledon 2016: Dresses too revealing? https://t.co/H3wCm47XIX
RT @CNN: President Obama on #Istanbul terror attack: "The prayers of the American people are with the people of Turke
y" https://t.co/dnDQyf…
@Brainiac 13 @CNN I am no more IPhones for me I've grown tired of them
```

11.4　小结

在本章中，我们介绍了 Twitter API 的基本功能，包括通过 OAuth 进行登录，以及区域热门话题和执行简单查询，介绍了如何由特定的 Twitter 用户提取数据。然后，我们利用 Twython 库中提供的 API 流介绍了数据流的概念。

在下一章中，我们将介绍 MongoDB 的基本概念和如何对大规模数据执行合并查询。

Chapter 12 第 12 章

使用 MongoDB 进行数据处理和聚合

汇总查询语句是通过对数据集进行加法计算或者特征相加而获得汇总结果的最常见方式。MongoDB 为我们快速并简便地获取汇总数据提供了多种方式。在本章中,我们将探索最基本的 MongoDB 使用特性并了解通过 group 函数和聚合框架进行汇总的两种途径。

本章将涵盖以下主题:
- ❏ 开始使用 MongoDB
- ❏ 数据处理
- ❏ 聚合框架

在第 2 章中,我们介绍了 NoSQL(Not Only SQL)数据库以及它的具体类型(面向文件的、面向图形的、面向键 - 值对存储的)。NoSQL 数据库提供了许多关键特性,例如可扩展性、高可用性和处理速度。基于 NoSQL 技术的分布式特征,如果我们想要扩展 NoSQL 数据库,只需要在集群中增加机器来满足横向扩展的需求。大多数 NoSQL 数据库是开源的(例如 MongoDB、Cassandra 和 HBase),这意味我们只需要很低的成本就可以下载、执行和扩展数据库。

12.1 开始使用 MongoDB

MongoDB 是一个面向文件的 NoSQL 数据库。MongoDB 为存储和查询反馈提供了一个高效的引擎。在面向文件的数据库中,我们将存储的数据转化为文件的组,此处内容类似 JSON 文件,称为 **BSON**(Binary JSON),这为我们提供了一个动态数据架构。MongoDB 具有多个功能,例如**特殊查询**、**复制**、**负载均衡**、**聚合**和 **Map-Reduce**。MongoDB 非常适合担任操作型数据库。但是，它面对交易型数据源的能力就非常有限了。我们从下图中可以更加清楚地认知到关系型数据库和 MongoDB 在架构方面的相似性。关于 MongoDB 更多的信息可以访问 http://www.mongodb.org/。

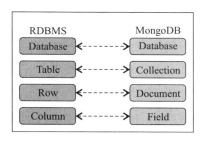

 关于 SQL 数据库的完整参考信息，请访问 http://www.w3schools.com/sql/。

从前面的图中可以看到 MongoDB 的内部结构同关系型数据库非常相似。但是，在本例中仍然将 BSON 文件集存放其中，该文件集没有提前定义好模式，并且并非同一个组中的文件都必须遵循同样的模式。在 iOS 中利用 Homebrew 安装非常容易，其为免费且开放源软件包管理系统也简化了软体的安装。下图中，我们利用 brew install 的指令（也是软件的名称）。

```
iMac-de-Hector:~ hectorcuesta1$ brew install mongodb
==> Downloading https://homebrew.bintray.com/bottles/mongodb-3.2.4.yosemite.bott
################################################################## 100.0%
==> Pouring mongodb-3.2.4.yosemite.bottle.tar.gz
==> Caveats
To have launchd start mongodb at login:
  ln -sfv /usr/local/opt/mongodb/*.plist ~/Library/LaunchAgents
Then to load mongodb now:
  launchctl load ~/Library/LaunchAgents/homebrew.mxcl.mongodb.plist
Or, if you don't want/need launchctl, you can just run:
  mongod --config /usr/local/etc/mongod.conf
==> Summary
🍺 /usr/local/Cellar/mongodb/3.2.4: 17 files, 208.7M
```

当我们安装完 MongoDB，从终端运行 Mongod 指令。这将显示引擎准备监听新连接，如下图所示。

 引擎运行之前，必须定义数据文件夹（默认情况下，它位于根目录，称为 /data/db）

12.1.1　数据库

在 MongoDB 中，一个数据库对我们的集合来说是一个物理容器。每一个数据库都将在文件系统中创建出一个文件集。在 MongoDB 中，当首次将一个文件存储在一个集合中时，系统会自动创建出一个数据库。类似 Robomongo 的管理工具，可以帮助我们创建数据库。

```
iMac-de-Hector:~ hectorcuesta1$ mongod
2016-04-13T09:45:43.025-0500 I CONTROL  [initandlisten] MongoDB starting : pid=5541 port=27017 dbpath=/data/db
64-bit host=iMac-de-Hector.local
2016-04-13T09:45:43.026-0500 I CONTROL  [initandlisten] db version v3.2.4
2016-04-13T09:45:43.026-0500 I CONTROL  [initandlisten] git version: e2ee9ffcf9f5a94fad76802e28cc978718bb7a30
2016-04-13T09:45:43.026-0500 I CONTROL  [initandlisten] allocator: system
2016-04-13T09:45:43.026-0500 I CONTROL  [initandlisten] modules: none
2016-04-13T09:45:43.026-0500 I CONTROL  [initandlisten] build environment:
2016-04-13T09:45:43.026-0500 I CONTROL  [initandlisten]     distarch: x86_64
2016-04-13T09:45:43.026-0500 I CONTROL  [initandlisten]     target_arch: x86_64
2016-04-13T09:45:43.026-0500 I CONTROL  [initandlisten] options: {}
2016-04-13T09:45:43.026-0500 I STORAGE  [initandlisten] exception in initAndListen: 29 Data directory /data/db
not found., terminating
2016-04-13T09:45:43.026-0500 I CONTROL  [initandlisten] dbexit:  rc: 100
iMac-de-Hector:~ hectorcuesta1$ mongod
2016-04-13T09:46:59.909-0500 I CONTROL  [initandlisten] MongoDB starting : pid=5550 port=27017 dbpath=/data/db
64-bit host=iMac-de-Hector.local
2016-04-13T09:46:59.910-0500 I CONTROL  [initandlisten] db version v3.2.4
2016-04-13T09:46:59.910-0500 I CONTROL  [initandlisten] git version: e2ee9ffcf9f5a94fad76802e28cc978718bb7a30
2016-04-13T09:46:59.910-0500 I CONTROL  [initandlisten] allocator: system
2016-04-13T09:46:59.910-0500 I CONTROL  [initandlisten] modules: none
2016-04-13T09:46:59.910-0500 I CONTROL  [initandlisten] build environment:
2016-04-13T09:46:59.910-0500 I CONTROL  [initandlisten]     distarch: x86_64
2016-04-13T09:46:59.910-0500 I CONTROL  [initandlisten]     target_arch: x86_64
2016-04-13T09:46:59.910-0500 I CONTROL  [initandlisten] options: {}
2016-04-13T09:46:59.910-0500 I STORAGE  [initandlisten] wiredtiger_open config: create,cache_size=4G,session_ma
x=20000,eviction=(threads_max=4),config_base=false,statistics=(fast),log=(enabled=true,archive=true,path=journa
l,compressor=snappy),file_manager=(close_idle_time=100000),checkpoint=(wait=60,log_size=2GB),statistics_log=(wa
it=0),
2016-04-13T09:47:02.519-0500 I FTDC     [initandlisten] Initializing full-time diagnostic data capture with dir
ectory '/data/db/diagnostic.data'
2016-04-13T09:47:02.519-0500 I NETWORK  [HostnameCanonicalizationWorker] Starting hostname canonicalization wor
ker
2016-04-13T09:47:04.408-0500 I NETWORK  [initandlisten] waiting for connections on port 27017
2016-04-13T09:50:22.606-0500 I NETWORK  [initandlisten] connection accepted from 127.0.0.1:62468 #1 (1 connecti
on now open)
2016-04-13T09:50:22.612-0500 I NETWORK  [initandlisten] connection accepted from 127.0.0.1:62469 #2 (2 connecti
ons now open)
```

首先，需要创建一个由 Robomongo 到 MongoDB 的连接。为了连接，我们将在 Name 栏中提供名称及 Address（IP 地址和端口），然后点击 Save。现在我们可以看到新的 Connection。一旦与 MongoDB 连接，就可点击引擎的名称并选择 CreateDatabase 选项，如下图所示：

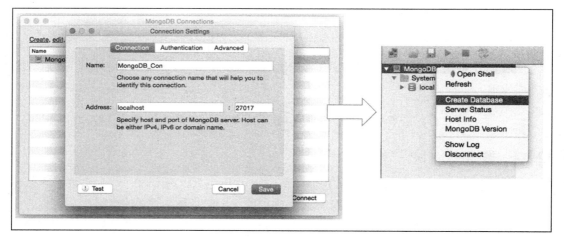

更多相关 Robomongo 的信息，请访问 https://robomongo.org/。

另外，我们可以使用 show dbs 命令查看数据库的可用性，该命令的执行结果如图所示。

12.1.2　集合

一个集合是文件的汇总。MongoDB 将创建隐性的集合。由于 MongoDB 使用了无预定义结构的模型，所以我们必须指定存储数据的数据库和集合。MongoDB 提供了 JavaScript 函数 db.creatCollection() 来手动创建一个集合，同时我们也可以从 UMongo 界面来创建。

我们可以在 Mongo shell 中通过 use<database name> 命令来指定数据库，通过 show collections 命令，我们可以看到在数据库中具体有多少可用的集合，详见下图。

集合可以被划分来收集 MongoDB 实例的不同集合文件。这个过程叫作分片，它可以做到水平扩展。

 关于 MongoDB 的数据模型相关问题可以访问 http://docs.mongodb.org/manual/core/data-modeling/。

12.1.3　文件

一个文件在 MongoDB 就是一条记录，并且它可以实现无预定义结构模型。这意味着文件并不一定要具备相同的领域或者结构。但是，在现实中文件共享基础的结构以便执行查询和复杂搜索。

MongoDB 使用了类似 JSON 的文件格式，并以二进制的形式存储，称为 BSON。对于 Python 编程者而言，我们将使用同样的目录结构来代表 JSON 格式，具体参考第 2 章。我们可以在 http://bsonspec.org/ 中找到完整的 BSON 说明。

在 JSON 结构中 MongoDB 使用（.）进行浏览进而访问一个文件中的一部分或者一个子文件。例如，<subdocument>.<field>。

12.1.4　Mongo shell

Mongo shell 是 MongoDB 的一个交互 JavaScript 控制台。Mongo shell 是 MongoDB 的一种标准特征。我们也可以在官网网站（详见下图）上有选择地尝试一些 MongoDB 的小版本，它们都足够让我们开始尝试一下 MongoDB。

 关于 Mongo shell 的常见问题可以访问 http://docs.mongodb.org/manual/faq/mongo/。

12.1.5　Insert/Update/Delete

现在，我们将探讨一些 MongoDB 中的基本操作，同时将这些操作与同类的 SQL 命令进行比较。如果你已经对关系型数据库 SQL 语言有一些了解，了解 MongoDB 的操作过程将非常顺利。

❏ SQL 中的 Insert：

```
INSERT INTO Collection (First_Name, Last_Name)
          Values ('Jan', 'Smith');
```

❏ MongoDB 中的 Insert：

```
db.collection.insert({ name: { first: 'Jan', last: 'Smith' } )
```

❏ SQL 中的 Update：

```
UPDATE Collection
SET First_Name = 'Joan'
WHERE First_Name = 'Jan';
```

❏ MongoDB 中的 Update：

```
db.collection.update(
    { 'name.first': 'Jan' },
    { $set: { 'name.first': 'Joan' } }
)
```

❑ SQL 中的 Delete：

```
DELETE FROM Collection
WHERE First_Name = 'Jan';
```

❑ MongoDB 中的 Delete：

```
db.collection.remove( { 'name.first' : 'Jan' }, safe=True )
```

 关于 MongoDB 的核心操作文件可以访问 http://docs.mongodb.org/manual/crud/。

12.1.6 查询

在 MongoDB 中，我们可以执行查找和获取数据的方法有两种：find 和 findOne，这两种方法具体如下。

❑ 在 SQL 中，选择集合表中所有元素的操作是：

```
SELECT * FROM Collection
```

❑ 在 MongoDB 中，选择集合表中所有元素的操作是：

```
db.collection.find()
```

在下图中，我们可以看到在 Mongo shell 中查询操作的具体结果：

```
> db.test.data.find()
{ "_id" : ObjectId("51eedee2d341516bbfdbc6ff"), "name" : { "first" : "Jan", "las
t" : "Smith" } }
{ "_id" : ObjectId("51eedf0cd341516bbfdbc700"), "name" : { "first" : "Damian", "
last" : "Cuesta" } }
{ "_id" : ObjectId("51eedf17d341516bbfdbc701"), "name" : { "first" : "Isaac", "l
ast" : "Cuesta" } }
> _
```

❑ 在 SQL 中，通过查询语句获得文件的具体数量的操作是：

```
SELECT count(*) FROM Collection
```

❑ 在 MongoDB 中，通过查询语句获得文件的具体数量的操作是：

```
db.collection.find().count()
```

❑ SQL 中满足某一个具体条件的查询：

```
SELECT * FROM Collection
WHERE Last_Name = "Cuesta"
```

❑ MongoDB 中满足某一个具体条件的查询：

```
db.collection.find({"name.last":"Cuesta"})
```

在下图中，我们可以看到在 Mongo shell 中使用具体条件进行查询的结果：

```
> db.test.data.find({"name.last":"Cuesta"})
{ "_id" : ObjectId("51eedf0cd341516bbfdbc700"), "name" : { "first" : "Damian", "
last" : "Cuesta" } }
{ "_id" : ObjectId("51eedf17d341516bbfdbc701"), "name" : { "first" : "Isaac", "l
ast" : "Cuesta" } }
```

fineOne 方法可以从集合表中获取一个简单的文件，而不是返回一个文件列表。在下图中，我们可以看到在 Mongo shell 中进行 findOne 操作所获得的结果：

```
> db.test.data.findOne()
{
        "_id" : ObjectId("51eedee2d341516bbfdbc6ff"),
        "name" : {
                "first" : "Jan",
                "last" : "Smith"
        }
}
```

 关于读操作的相关文件资料可以访问 http://docs.mongodb.org/manual/core/read-operations/。

当我们想要测试查询操作以及查询的时间时，可以使用 explain 方法。在下图中，我们可以看到 explain 方法的结果，进而找到查询的具体效率以及搜索的使用情况。

在下列代码中，我们可以看到对 find 方法使用 explain 方法的具体过程：

```
db.collection.find({"name.last":"Cuesta"}).explain()
```

```
> db.test.data.find({"name.last":"Cuesta"}).explain()
{
        "cursor" : "BasicCursor",
        "isMultiKey" : false,
        "n" : 2,
        "nscannedObjects" : 3,
        "nscanned" : 3,
        "nscannedObjectsAllPlans" : 3,
        "nscannedAllPlans" : 3,
        "scanAndOrder" : false,
        "indexOnly" : false,
        "nYields" : 0,
        "nChunkSkips" : 0,
        "millis" : 0,
        "indexBounds" : {

        },
        "server" : "Hadoop-PC:27017"
}
```

12.2 数据准备

在第 11 章中，我们探讨了如何利用 Tweets Sentiment140 数据集创建一个单词包。在本章中，我们将介绍使用 MongoDB 的例子。首先，我们将准备和转化数据集，将其从 CSV 格式转化为 JSON 格式，从而将其插入 MongoDB 集合中。

 下载 Sentiment140 训练和测试数据网址为 http://help.sentiment140.com/for-students。

将下载并打开测试数据，每一列分别代表了 sentiment、id、date、via、user 和 text。前 5 条记录如下：

```
4,1,Mon May 11 03:21:41 UTC 2009,kindle2,yamarama,@mikefish  Fair enough.
But i have the Kindle2 and I think it's perfect  :)
4,2,Mon May 11 03:26:10 UTC 2009, jquery,dcostalis,Jquery is my new best
friend.
4,3,Mon May 11 03:27:15 UTC 2009,twitter,PJ_King,Loves twitter
4,4,Mon May 11 03:29:20 UTC 2009,obama,mandanicole,how can you not love
Obama? he makes jokes about himself.
4,5,Mon May 11 05:22:12 UTC 2009,lebron,peterlikewhat,lebron and zydrunas
are such an awesome duo
```

我们所遇到的第一个问题是文本中包含了 (,) 字符。如果我们想要从 Python 中读取文件这将会是一个问题。为了解决这个问题，在使用此文件时，在 OpenRefine 中执行一个数据预处理的操作，详见第 2 章。

12.2.1　使用 OpenRefine 进行数据转换

首先，我们需要运行 OpenRefine 并导入文件 testdata manual 2009 06 14.csv。然后选择一组列（以，分隔）并点击 creat the project 按钮。在下图中，我们可以看到包含 6 列的 OpenRefine 界面，并且我们对每一个列重命名，具体步骤是通过点击每一个列并依次找到 Edit column | Rename this column。

为了删除文件中的，字符，我们需要点击 test 列，并依次找到 Edit Cells | Transform。

现在，在 Custom text transform on column text 文件中，我们将使用 replace 函数来消除文件中所有的逗号，具体结果如下图所示。

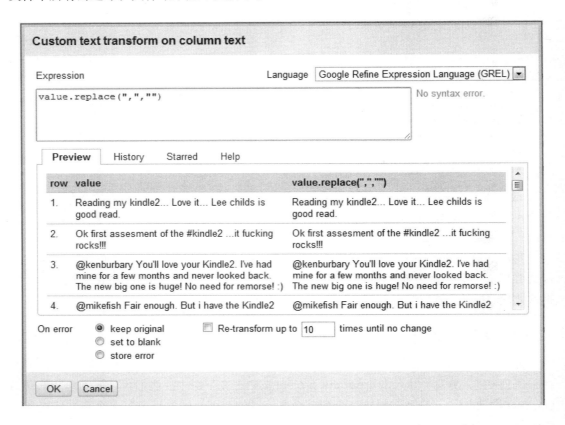

在下列命令中，我们可以看到 OpenRefine Expression Language（GREL）中的 replace 函数。

```
value.replace(",", "")
```

GREL 是对字符串、数组、数学、日期和布尔等内容进行操作的诸多函数。更多信息可以访问 https://github.com/OpenRefine/ OpenRefine/wiki/GREL-Functions。

最后以 JSON 格式导出数据集，我们将选择 Export 选择框同时选择 Templating。然后我们可以看到 Templating Export 窗口（参考下图），其中我们可以以 JSON 格式定义最后的结构和行模板。最后，我们需要点击 Export 按钮来下载 test.json 文件并保存在文件系统中的相应位置。

12.2.2 通过 PyMongo 插入文件

通过使用 JSON 格式的数据集，在 MongoDB 数据表中插入记录将更为容易。在本章中，会使用 GUI（图形就界面）工具的 Robomongo 和 Python 中的 pymongo 模块在 IPython notebook 中安装 pymongo，仅需要使用 !pip install 指令，如下图所示：

```
In [1]: !pip install pymongo
        Collecting pymongo
          Downloading pymongo-3.2.2-cp27-none-macosx_10_10_intel.whl (262kB)
            100% |████████████████████████████████| 266kB 780kB/s
        Installing collected packages: pymongo
        Successfully installed pymongo-3.2.2

In [2]: import pymongo
```

一旦安装好 pymongo，就可以输入 MongoClient 对象来创建与 MongoDB 之间的连接，具体代码如下：

```
import json
from pymongo import MongoClient
```

关于 PyMongo 的完整文件可以参考 http://api.mongodb.org/python/current/。

接下来，使用 Connection 函数同 pymongo 建立连接：

```
con = MongoClient()
```

然后，选择 Corpus 数据库：

```
db = con.Corpus
```

现在，选择存储所有文件的 tweets 集合：

```
tweets = db.tweets
```

最后，我们将通过 json.load 函数打开作为字典结构的 test.txt 文件。

```
with open("test.txt") as f:
    data = json.loads(f.read())
```

然后，我们将迭代所有的行并插入 tweets 集合中。

```
for tweet in data["rows"]:
    tweets.insert(tweet)
```

如果喜欢使用图形界面，我们将在 Robomongo 建立连接，我们将创建一个新数据库，正如我们所看到的 Robomongo 界面，如下图所示：

通过浏览 Corpus 数据库和 tweets 集合，我们可以看到 Robomongo 中的结果。然后点击 find 选项来检索集合中的所有文件。

本章中所有的脚本和数据集都可以在作者的 Git Hub 资料库中找到，地址为：https://github.com/hmcuesta/PDA_Book/tree/master/Chapter12。

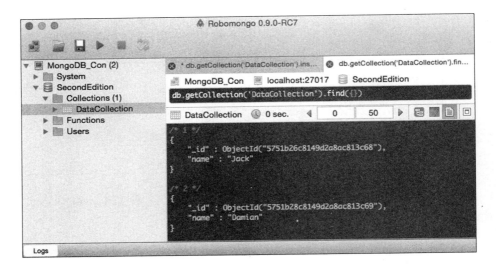

完整的代码脚本如下所示：

```
import json
from pymongo import MongoClient
con = MongoClient()
db = con.Corpus
tweets = db.tweets
with open("test.txt") as f:
    data = json.loads(f.read())
    for tweet in data["rows"]:
        tweets.insert(tweet)
```

12.3　分组

一个聚合函数是一种在数据处理中通过将值分组归入不同类别以找到典型含义的函数。常见的聚合函数包括 count、average、maximum、minimum 和 sum。但是，我们可能会执行更复杂的统计函数例如 mode 或者 standard deviation。通常情况下，分组是通过 SQL 中的 GROUP BY 来执行的，例如下面的代码，另外我们可以使用聚合函数例如 COUNT、MAX、MIN、SUM 等检索汇总后的信息：

```
SELECT sentiment, COUNT(*)
FROM Tweets
GROUP BY sentiment
```

在 MongoDB 中，我们可能会使用 group 函数，它同 SQL 的 Group BY 命令相似。但是，MongoDB 中的 group 函数不以共享系统的方式进行工作，同时输出结果大小仅限于 10 000 个文件（在 2.2 或者更新的版本可以达到 20 000 个）。鉴于此，group 函数难以得到广泛使用。然而，当我们只有一个 MongoDB 实例时，它却是查找聚合信息的简易方式。

在下面的代码中，我们可以看到 group 函数在集合中的具体应用。group 命令需要对所属领域或者分类的领域定义一个键 – 值对。然后，我们将定义一个 reduce 函数来实现聚合功能，在本例中根据情感领域分组文件数据。最后，我们对聚类结果文件定义一个初始值：

```
db.collection.group({
    key:{sentiment:true},
    reduce: function(obj,prev{prev. sentimentsum += obj.c}),
    initial: {sentimentsum: 0}
});
```

 group 函数的记录文件见 http://bit.ly/15iICc5。

在下面的代码中，我们可以看到如何在 PyMongo 中使用 group 函数对 tweets 集合进行分组：

```
from pymongo import MongoClient
con = MongoClient()
db = con.Corpus
tweets = db.tweets

categories = tweets.group(key={"sentiment":1},
  condition={},
    initial={"count": 0},
      reduce="function(obj,   prev)
        {prev.count++;}")
for doc in categories:
  print(doc)
```

脚本执行结果如下：

```
>>>
{'count': 181.0, 'sentiment': 4.0}
{'count': 177.0, 'sentiment': 0.0}
{'count': 139.0, 'sentiment': 2.0}
>>>
```

我们可以在分组之前通过 Mongo shell 的 cond 属性或者 PyMongo 的 condition 函数对结果进行过滤。这类似于 SQL 中的 WHERE 条件。

```
cond: { via: "kindle2" },
```

PyMongo 中的 group 函数如下：

```
tweets.group(key={"sentiment":1},
        condition={"via": "kindle2" },
        initial={"count": 0},
        reduce="function(obj,   prev)
                  {prev.count++;}")
```

12.4 聚合框架

MongoDB 的聚合框架是一个获得聚合结果的简便方式，它与 sharding（分区处理）共同作用具有很好的效果，而不需要使用到 MapReduce（参考第 13 章）。聚合框架在执行流水线操作和计算表达时十分强大、灵活且使用简便。聚合框架使用了描述性的 JSON 格式并通过 C++ 而不是 JavaScript 执行，这种方式增强了性能的表现。聚集方法的原型如下：

```
db.collection.aggregate( [<pipeline>] )
```

在下面的代码中，我们能够看到通过 aggregate 方法对 sentiment（情感）领域进行分组计算的一个简单例子。在本例中，流水线技术是唯一使用 $group 运算符的方式：

```
from pymongo import MongoClientcon = MongoClient()
db = con.Corpus
tweets = db.tweets
results = tweets.aggregate([
        {"$group": {"_id": "$sentiment", "count": {"$sum": 1}}}
            ])

for doc in results["result"]:
    print(doc)
```

在下图中，我们可以看到分类后的聚合结果：

```
>>> ============================== RESTART ==============================
>>>
{'count': 139, '_id': 2}
{'count': 177, '_id': 0}
{'count': 181, '_id': 4}
>>>
```

 关于聚合框架的详细文件可以访问 http://docs.mongodb.org/manual/reference/aggregation/。

12.4.1 流水线

在一个流水线中，我们将对一连串文件进行处理，其中初始输入是一个集合而最后的输出结果是一个文件。流水线上有一系列的控制器用于过滤和转化数据，并生产一个新的文件或者过滤出一个文件。

下列是主要的流水线控制器：

❑ **$match**：它通过使用现有的查询语句而非地理空间的控制方式来过滤文件或者 $where。

❑ **$group**：它通过对一个 id 实现对文件分组，它可以使用全部的计算表达例如 $max、$min 等。

❑ **$unwind**：它运行在一个数组领域中，将文件作为数组中的每一个值，同时也能执行 $match 和 $group。

❑ **$sort**：它通过一个或者多个领域对文件进行分组。

❑ **$skip**：它能够忽略流水线中的文件。

❑ **$limit**：它限制了集合流水线限制的文件数量。

在下面的代码中，我们可以看到在一个流水线中使用 $group、$sort 和 $limit 控制器进行聚合。

```
from pymongo import MongoClientcon = MongoClient()
db = con.Corpus
tweets = db.tweets

results = tweets.aggregate([
        {"$group": {"_id": "$via",
                            "count": {"$sum": 1}}},
        {"$sort": {"via":1}},
        {"$limit":10},
    ])

for doc in results["result"]:
  print(doc)
```

在下图中，我们可以看到在流水线中使用多个控制器进行聚合的结果。

```
>>> ============================ RESTART ============================
>>>
{'count': 1, '_id': 'fred wilson'}
{'count': 8, '_id': 'warren buffet'}
{'count': 1, '_id': 'aapl'}
{'count': 2, '_id': 'mashable'}
{'count': 1, '_id': 'hitler'}
{'count': 1, '_id': 'yankees'}
{'count': 1, '_id': 'republican'}
{'count': 7, '_id': 'exam'}
{'count': 1, '_id': 'world cup'}
{'count': 5, '_id': 'viral marketing'}
>>>
```

12.4.2　表达式

表达式是基于对输入文件进行计算而产生的输出文件。表达式具备与状态无关的状态并且只在聚合环节使用。

$group 聚合操作包括：

❑ **$max**：它返回组中最大的值。

❑ **$min**：它返回组中最小的值。

❑ **$avg**：它返回组的平均值。

❑ **$sum**：它返回组中所有值的汇总值。

❑ $addToSet：它返回组内每个文件的具体特征值并形成一个数组。

我们可以找到其他基于数据类型的控制器，具体有：

❑ **布尔运算**：$and、$or 和 $not

❑ **算术运算**：$add、$divide、$mod、$multiply 和 $substract

❑ **字符串运算**：$concat、$substr、$toUpper、$toLower 和 $strcasecmp

❑ **条件运算**：$cond 和 $ifNull

在下面的代码中，我们将使用 aggregate 方法中的 $group 控制器，在本例中，我们将使用多个控制器，例如 $avg、$max 和 $min。

```python
from pymongo import MongoClient
con = MongoClient()
db = con.Corpus
tweets = db.tweets
results = tweets.aggregate([
        {"$group": {"_id": "$via",
                    "avgId": {"$avg": "$id"} ,
                    "maxId": {"$max": "$id"} ,
                    "minId": {"$min": "$id"} ,
                    "count": {"$sum": 1}}}
    ])
for doc in results["result"]:
    print(doc)
```

在下图中，我们可以看到使用多个 $group 控制器的结果。

```
>>> ============================= RESTART =============================
>>>
{'count': 7, 'avgId': 1065.857142857143, '_id': 'exam', 'maxId': 2195, 'minId': 218}
{'count': 1, 'avgId': 226.0, '_id': 'republican', 'maxId': 226, 'minId': 226}
{'count': 1, 'avgId': 1025.0, '_id': 'world cup', 'maxId': 1025, 'minId': 1025}
{'count': 1, 'avgId': 2398.0, '_id': 'yankees', 'maxId': 2398, 'minId': 2398}
{'count': 1, 'avgId': 14045.0, '_id': 'aapl', 'maxId': 14045, 'minId': 14045}
{'count': 1, 'avgId': 2296.0, '_id': 'hitler', 'maxId': 2296, 'minId': 2296}
 ...
```

聚合框架对于文件大小有一些限制，它要求文件的大小要小于 16MB，并且不支持一些文件类型，如二进制、编码、MinKey 和 MaxKey。

在分区支持的情况下，MongoDB 分析流水线，同时将操作从 $group 或 $sort 提升到分区阶段，然后将结合分区服务器结果返回给 $group 或 $sort 中。基于此，建议最好尽可能早地在流水线中使用 $match 和 $sort。

12.5　小结

在本章中，我们直接由 MongoDB 及图形界面（Robomongo）探索了 MongoDB 的基本操作和功能。我们也通过 OpenRefine 执行了对 CSV 数据集的数据预处理，并将数据集转化为一个格式组织良好的 JSON 数据集。最后，我们介绍了利用聚合框架的内容来进行数据处理，它是一种更快的替代 MapReduce 的常用聚合方法。我们介绍了在流水线上使用的基本处理控制器以及在聚合框架中支持这些的表达式。

　　在下个章节，我们会探索 MongoDB 的 MapReduce 功能，我们会利用 tweets 中最常见的词汇，在 D3 中创建文字云。

Chapter 13 | 第 13 章

使用 MapReduce 方法

MongoDB 是一个文件导向数据库，用于解决大规模数据量并广泛应用于诸如 Forbes、Bitly、Foursquare、Craigslist 等公司。在第 12 章中，我们学习了如何使用 MongoDB 进行基本的操作和数据聚合。在本章中，我们将利用 Jupyter 和 PyMongo 介绍 MongoDB 如何执行一个 MapReduce 编程建模。

本章将涵盖以下主题：

❑ MapReduce 概述

❑ 编程模型

❑ 在 MongoDB 中使用 MapReduce

❑ 过滤输入集合

❑ 分组和聚合

❑ tweet 中最常见的词汇

 关于 MongoDB 的产品列表可以访问链接 Http://www.mongodb.org/about/production-deployments/。

13.1　MapReduce 概述

MapReduce 是用于大规模分布式数据处理的一种编程模型。它是受到 Lisp、Haskell 或者 Python 等函数式编程语言中 map 函数和 reduce 函数的启发而形成的。MapReduce 的一个最为重要的特征是可以隐藏类似消息传输或者同步等初级实现并能够将一个问题划分为多个分区。这种方法非常巧妙，它能够将数据进行并行处理但无需在多个并行处理分区中进行通信。

 Google 的原始论文题为 "MapReduce：Simplified Data Processing on Large Clusters"，可以在下面的网址找到：http://research.google.com/archive/mapreduce.html。

MapReduce 因为 Apache Hadoop 而成为主流，它是从 Google 的 MapReduce 公开论文中衍生出来的一个开源框架。MapReduce 可以在分布式集群中处理大规模数据量。事实上，现在 MapReduce 编程模型的实现方式有多种。其中一些实现方式如下所示。需要强调的是，MapReduce 不是一个算法，它只是高性能基础架构的一部分，提供给我们一种在多个平行设备中运行一个程序的方式指引。

下面具体列出了 MapReduce 的一些常见实现方式：

❑ Apache Hadoop：应该是 Google MapReduce 模型应用中最著名的一个，它主要利用了 Java 良好的通信和广阔应用生态系统。关于它的相关信息可以访问 http://hadoop.apache.org/。

❑ MongoDB：文件导向数据库，它也提供了 MapReduce 操作。更多的信息可以访问 http://docs.mongodb.org/manual/core/map-reduce/。

❑ MapReduce-MPI Library：这是在 MPI（Message Passing Interface，消息传递接口）标准上部署的一套 MapReduce 实现。更多的信息可以访问 http://mapreduce.sandia.gov/。

 信息传递是一个在同步编程过程中使用的技术，用于进行进程的协调处理，类似于交通灯控制系统。MPI 是一个标准的消息传递实现，关于 MPI 的更多信息可以访问 http://en.wikipedia.org/wiki/Message_Passing_Interface。

13.2　编程模型

MapReduce 提供了一个创建并行编程的简易方法，它不需要考虑消息传递和同步。这有助于我们执行复杂的聚合任务和搜索。从下图中可以看出，MapReduce 可以使用半结构化数据（例如噪声、文本、无模式模板等）而非传统的关系型数据库。但是，在很多情况下编程模型是一种过程模型，这意味着用户必须能够使用诸如 Java、Python、JavaScript 或者 C 等语言。MapReduce 需要两个函数，map 函数是用于创建一个键 – 值对列表，reduce 函数将对每一个键 – 值对进行迭代并应用一个过程（合并或者汇总的方式）来产生一个输出。

在 MapReduce 中，数据可能被划分到多个节点（分区），为此我们需要 partition 函数，partition 函数将负责分类和负载均衡。在 MongoDB 中，我们无须进行配置就可以对分区数据源进行处理。

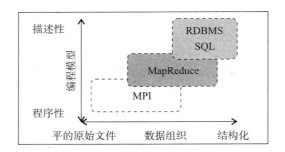

13.3 在 MongoDB 中使用 MapReduce

MongoDB 为我们提供了一个 mapReduce 命令，在右图中，我们能够看到在 MongoDB 中 MapReduce 处理过程的整个生命周期。整个步骤开始于一个集合或者一个查询，同时在数据源中的每一个文件将被 map 函数所调用。然后，通过 emit 函数创建一个带有键 – 值对列表的中间层哈希映射（具体参考下图）。

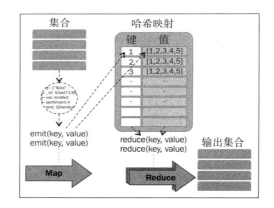

接下来，reduce 函数将运用一些操作对这些中间层哈希映射中的每一个值进行迭代。最后，整个过程将创建一个全新的数据输出集合。MongoDB 的 map/reduce 函数将使用 JavaScript 进行编程。

 关于 MongoDB 中的 MapReduce 参考文件可以访问 http://docs.mongodb.org/manual/core/map-reduce/。

13.3.1 map 函数

map 函数将一次或者多次调用一个 emit 函数。我们将通过 this 关键词来访问数据源中每个文件的所有属性。这种中间层哈希映射仅包含了唯一的一个键，因此如果 emit 函数发出一个键已经存在于哈希映射中，那么键所对应的值将被插入值域表中。每一个哈希映射中的记录类似 key:One，value:[1，2，3，…]。

下面的代码是对 map 函数的简单示意：

```
function(){
  emit(this._id, {count: 1});
}
```

13.3.2　reduce 函数

reduce 函数将接收两个参数：key（键）和 values（值域表中的值）。此函数将会被哈希映射中的每一个记录所调用。

在下面的代码中，我们能够看到一个简单的 reduce 函数示例。在本例中，函数将对每一个 key 返回一个总数。

```
function(key, values) {
  total = 0;
  for (var i = 0; i < values.length; ++i) {
    total += values[i].count;
  };
  return {count: total};
}
```

参考下一节关于使用 reduce 函数的作用。

13.3.3　使用 Mongo shell

Mongo shell 提供了一个对 mapReduce 命令的包装器。db.collection.mapReduce() 方法必须获取三个参数：map 函数、reduce 函数以及用于存储输出内容的集合名称，如下面的命令行所示。具体可以参考附录中关于安装和运行 MongoDB 的内容，其中涉及如何安装和运行 MongoDB 和 mongo shell 的完整说明。

```
db.collection.mapReduce(map,reduce,{out:"OutCollection"})
```

12.2.2 节通过 id、via、sentiment、text、user 和 date 创建了一个 tweets 数据源，在本例中，我们将再次使用此数据源。本例将计算每一个独立的 via 属性元素在数据源中出现的次数。

首先，我们需要在 mapTest 变量中定义一个 map 函数：

```
mapTest = function(){
  emit(this.via, 1);
  }
```

然后，在 reductTest 变量中定义一个 reduce 函数：

```
reduceTest = function(key, values) {
  var res = 0;
    values.forEach(function(v){ res += 1})
  return {count: res};
  }
```

Mongo shell 与下图所示内容相近。

```
> mapTest = function(){ emit(this.via, 1); }
function (){ emit(this.via, 1); }
> reduceTest = function(key, values) {
...
... var res = 0;
... values.forEach(function(v){ res += 1})
...
... return {count: res};
... }
function (key, values) {

var res = 0;
values.forEach(function(v){ res += 1})

return {count: res};
}
```

现在，我们需要定义一个 Corpus 语料库作为数据库的默认设置：

```
use Corpus
```

接下来，我们将使用 mapReduce 方法传送 mapTest 函数和 reduceTest 函数，然后定义一个新的数据源 results 来存储相应的输出内容：

```
db.tweets.mapReduce(mapTest,reduceTest,{out:"results"})
```

最后，我们将通过 find 方法检索 results 集合中的所有文件。

```
db.results.find()
```

在下图中我们可以看到在 Mongo shell 中执行 mapReduce 命令行的结果，并通过 via 属性中的聚合数据 (count) 来检索集合（results）。

```
> use Corpus
switched to db Corpus
> db.tweets.mapReduce(mapTest,reduceTest, {out:"results"})
{
        "result" : "results",
        "timeMillis" : 135,
        "counts" : {
                "input" : 497,
                "emit" : 497,
                "reduce" : 59,
                "output" : 80
        },
        "ok" : 1,
}
> db.results.find()
{ "_id" : 40, "value" : { "count" : 4 } }
{ "_id" : 50, "value" : { "count" : 6 } }
{ "_id" : "Bobby Flay", "value" : { "count" : 8 } }
{ "_id" : "Danny Gokey", "value" : { "count" : 4 } }
{ "_id" : "Malcolm Gladwell", "value" : { "count" : 11 } }
{ "_id" : "aapl", "value" : 1 }
{ "_id" : "aig", "value" : { "count" : 7 } }
{ "_id" : "at&t", "value" : { "count" : 15 } }
{ "_id" : "bailout", "value" : 1 }
{ "_id" : "baseball", "value" : { "count" : 6 } }
{ "_id" : "bing", "value" : 1 }
{ "_id" : "booz allen", "value" : { "count" : 3 } }
{ "_id" : "car warranty call", "value" : { "count" : 2 } }
{ "_id" : "cheney", "value" : { "count" : 5 } }
{ "_id" : "china", "value" : { "count" : 6 } }
{ "_id" : "comcast", "value" : { "count" : 4 } }
{ "_id" : "dentist", "value" : { "count" : 17 } }
{ "_id" : "driving", "value" : 1 }
{ "_id" : "east palo alto", "value" : { "count" : 4 } }
{ "_id" : "eating", "value" : { "count" : 12 } }
Type "it" for more
>
```

关于 mapReduce 命令的相关参考内容可以访问 http://bit.ly/13Yh5Kg。

13.3.4　使用 Jupyter

在本节中，我们将使用 Jupyter Notebook 从 Notebook 界面执行 mapReduce 的命令。

首先，我们将打开并利用本地 MongoDB 连接 Jupyter Notebook。

现在，我们将执行 Anaconda Launcher，选择 Jupyter Notebook（见下图），依次点击 New/Notebook/Python 2，在浏览器中看崭新的 Notebook。

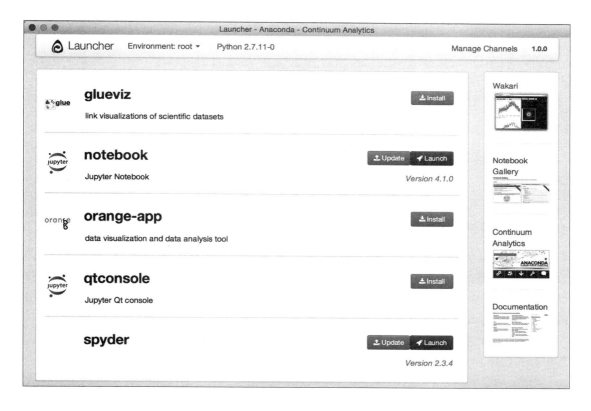

现在，我们将看到 Notebook 窗口，在这里我们可以从 In[1] 插入代码，然后我们将输入 mapReduce 代码。最后，我们点击 Play 按钮，结果如下图所示。为了在 Jupyter 上安装 pymongo 或任何其他库，我们可以使用 pip 指令，如下所示。

```
!pip install pymongo
```

　关于 Jupyter 的相关参考内容可以访问 http://jupyter.org/。

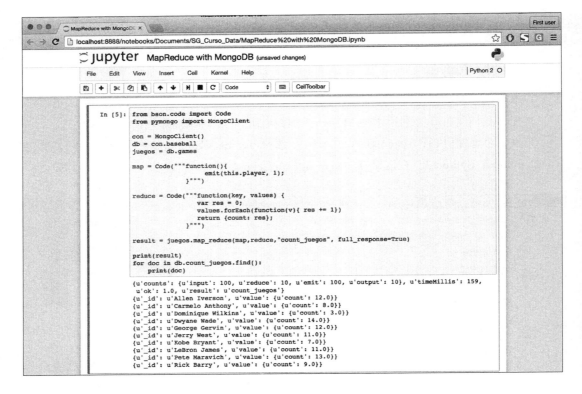

13.3.5 使用 PyMongo

通过 Mongo shell 或者 Jupyter，我们可以采用一个简单的方式来运行 MapReduce 进程。但是，我们通常需要调用 MapReduce 进程来作为一个更大处理的一部分。然后，我们需要通过一个外部编程语言来实现一个 MapReduce 包装器。在本例中，我们将使用 PyMongo 从 Python 中调用 mapReduce 命令。

在本例中，我们将使用 tweets 集合，同时计算 via 属性所出现的次数。参考 12.2.2 节，其中有关创建 tweets 集合的详细说明。

首先，我们需要导入 pymongo 和 bson.code 模块。

```
from pymongo import MongoClientfrom bson.code import Code
```

然后，我们将建立一个与 MongoDB 服务的连接，选择默认主机，端口为 27017。

```
con = MongoClient()
```

接下来，我们将定义一个 Corpus 库作为默认的数据库，同时将 tweets 作为 db.tweets 的对象处理。

```
db = con.Corpus
tweets = db.tweets
```

现在，我们将使用对象创建器编码来代表 JavaScript 函数和 BSON 中的 map 函数和 reduce 函数，这是因为 MongoDB API 方法使用了 JavaScript。

```
map = Code("function(){ emit(this.via, 1); }")

reduce = Code("""function(key, values) {
  var res = 0;
  values.forEach(function(v){ res += 1})
  return {count: res};
  }""")
```

然后，我们将通过三个参数来使用 map_reduce 函数、map 函数、reduce 函数以及定义的 via_count 作为输出集合。

```
result = tweets.map_reduce(map,reduce,"via_count")
print(result)
```

最后，我们通过 find 函数来获取 via_count 集合中的所有文件。

```
for doc in db.via_count.find():
  print(doc)
```

运行结果如下图所示。

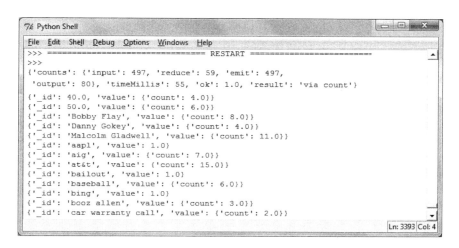

13.4　过滤输入集合

有时候，针对 MapReduce 进程我们并不需要整个集合。因此，我们可以通过 mapRe-duce 命令的一些可选择参数来过滤输入集合。

通过利用 query 操作中参数 query，我们可以应用一些标准来过滤进入 map 函数中的文件。在下面的代码中，我们将过滤集合中的文件，而且仅包含那些属性 number 大于

10（"$gt":10) 的文件：

```
collection.map_reduce(map_function,
  reduce_function,
  "output_collection",
  query={"number":{"$gt":10}})
```

在 MapReduce query 参数中查询操作器与在 12.1 节里的查询选择器是一样，它们都执行了同样的查询语句。最常见的操作器以及它们在 SQL 语言中所对应的内容如下表所示。

Mongo 操作器	SQL 操作器	Mongo 操作器	SQL 操作器	Mongo 操作器	SQL 操作器
$gt	>	$lt	<	$and	AND
$gte	>=	$lte	<=	$or	OR
$in	IN				

limit 参数是 mapReduce 命令的一个可选择参数，它定义了所要查询语句所要检索文件的最大值。在下面的代码中我们可以定义需要获取的文件最大值为 10 个：

```
collection.map_reduce(map_function,
  reduce_function,
  "output_collection",
  limit = 10)
```

 关于 MongoDB 操作器的完整列表可以访问 http://docs.mongodb.org/manual/reference/operator/。

13.5 分组和聚合

在下面的例子中，我们将执行分组和聚合的操作进而获得关于 NBA 球员以及他们的得分的统计数据（sum、max、min 和 avg）。首先，map 函数将获取 player 的名字和每场比赛的 points。map 功能的实现方式与下面的编码相似：

```
function(){emit(this.player, this.points); }
```

然后，我们能够使用 JavaScript Array 对象中的 sumf 方法和 JavaScript Math 对象中的 max/min 函数来同时执行聚合函数。reduce 函数的实现方式与下面的代码相似：

```
function(key, values) {
  var explain = {total:Array.sum(values),
    max:Math.max.apply(Math, values),
    min:Math.min.apply(Math, values),
    avg:Array.sum(values)/values.length}
  return explain
}
```

通过这个例子我们将创建随机的混合 10 位球员的名字的合成数据，同时我们将赋予它们一个从 0 到 100 范围内的随机得分。然后，我们将数据插入 MongoDB 中命名为 Games 的数据源中。完整的编码如下：

```
import random as ran
import pymongo
con = pymongo.Connection()
db = con.basketball
games = db.games

players = ["LeBron James",
    "Allen Iverson",
    "Kobe Bryant",
    "Rick Barry",
    "Dominique Wilkins",
    "George Gervin",
    "Dwyane Wade",
    "Jerry West",
    "Pete Maravich",
    "Carmelo Anthony"]
for x in range(100):
  games.insert({ "player" : players[ran.randint(0,9)],
    "points" : ran.randint(0,100)})
```

集合 Games 的内容将和下图所示的内容很相似。我们可以看到一个 player 可以在以不同的分数出现多次。

```
{ "_id" : { "$oid" : "5206caef9dd27c1964b1d648"} , "player" : "LeBron James" , "points" : 40}
{ "_id" : { "$oid" : "5206caef9dd27c1964b1d649"} , "player" : "Rick Barry" , "points" : 6}
{ "_id" : { "$oid" : "5206caef9dd27c1964b1d64a"} , "player" : "George Gervin" , "points" : 0}
{ "_id" : { "$oid" : "5206caef9dd27c1964b1d64b"} , "player" : "Kobe Bryant" , "points" : 56}
{ "_id" : { "$oid" : "5206caef9dd27c1964b1d64c"} , "player" : "Pete Maravich" , "points" : 4}
{ "_id" : { "$oid" : "5206caef9dd27c1964b1d64d"} , "player" : "Dwyane Wade" , "points" : 65}
{ "_id" : { "$oid" : "5206caef9dd27c1964b1d64e"} , "player" : "Pete Maravich" , "points" : 55}
{ "_id" : { "$oid" : "5206caef9dd27c1964b1d64f"} , "player" : "Dwyane Wade" , "points" : 45}
{ "_id" : { "$oid" : "5206caef9dd27c1964b1d650"} , "player" : "Allen Iverson" , "points" : 66}
{ "_id" : { "$oid" : "5206caef9dd27c1964b1d651"} , "player" : "Rick Barry" , "points" : 18}

   . . .
```

最后，我们将使用 map/reduce 函数来执行 MapReduce 过程，在 pymongo 中可以看到整个执行过程的开始部分。我们将结果存储在 _result 集合中。完整的脚本内容如下：

```
from pymongo import MongoClient from bson.code import Code
con = MongoClient()db = con.basketball
games = db.games

map = Code("""function(){
```

```
      emit(this.player, this.points);
  }""")

reduce = Code("""function(key, values) {
  var explain = {total:Array.sum(values),
    max:Math.max.apply(Math, values),
    min:Math.min.apply(Math, values),
    avg:Array.sum(values)/values.length}
    return explain;
  }""")

result = games.map_reduce(map,reduce,"_result")
print(result)
```

分组和聚合的结果如下所示。

```
>>> ============================= RESTART =============================
>>>
Collection(Database(Connection('localhost', 27017), 'baseball'), '_result')
{'_id': 'Allen Iverson', 'value': {'max': 66.0, 'total': 310.0, 'avg': 34.44444444444444, 'min': 9.0}}
{'_id': 'Carmelo Anthony', 'value': {'max': 91.0, 'total': 473.0, 'avg': 47.3, 'min': 1.0}}
{'_id': 'Dominique Wilkins', 'value': {'max': 98.0, 'total': 545.0, 'avg': 60.55555555555556, 'min': 20.0}}
{'_id': 'Dwyane Wade', 'value': {'max': 95.0, 'total': 834.0, 'avg': 55.6, 'min': 15.0}}
{'_id': 'George Gervin', 'value': {'max': 81.0, 'total': 235.0, 'avg': 47.0, 'min': 0.0}}
{'_id': 'Jerry West', 'value': {'max': 98.0, 'total': 645.0, 'avg': 58.63636363636363, 'min': 9.0}}
{'_id': 'Kobe Bryant', 'value': {'max': 95.0, 'total': 497.0, 'avg': 45.18181818181818, 'min': 0.0}}
{'_id': 'LeBron James', 'value': {'max': 100.0, 'total': 546.0, 'avg': 49.63636363636363, 'min': 3.0}}
{'_id': 'Pete Maravich', 'value': {'max': 97.0, 'total': 562.0, 'avg': 43.23076923076923, 'min': 4.0}}
{'_id': 'Rick Barry', 'value': {'max': 98.0, 'total': 781.0, 'avg': 48.8125, 'min': 6.0}}
>>> |
```

 本章所使用的所有代码和数据集可以在作者的 GitHub 资料库中找到，网址为 https://github.com/hmcuesta/PDA_Book/tree/master/Chapter13。

13.6　在 tweet 中统计高频词汇

在本例中，我们将开发一个简单的应用来统计 tweet 所出现的积极单词的数量。首先，我们将按照单词对每个 tweet 进行划分。然后，我们将移除所有的 URL（http://）和 twitter 用户（@...）。然后，我们将移除所有的三个字母或三个字母以下的单词（例如 the、why、she、him 等）。最后，所计算得到的单词出现的频率将会以文字云的方式进行可视化。下面的代码中列出了如何使用 JavaScript map 函数来拆分 tweet 单词。

```
function(){
  this.text.split(' ').forEach(
      function(word){
        var txt = word.toLowerCase();
          if(!(/^@/).test(txt) &&
            txt.length >= 3 &&
          !(/^http/).test(txt)){
```

```
      emit(txt,1)
    }
  }
}
```

输入内容如下面的代码片段所示。

```
'text': '@SomeUsr After using LaTeX a lot any other typeset
mathematics just looks greate. http://www.latex.org',
```

输出内容如下面的代码片段所示。对于每个单词而言将调用 emit 函数。

```
["after", "using", "latex",  "other", "typeset", "mathematics", "
just", "looks", "great"]
```

在下面所示的代码中，我们将执行 JavaScript reduce 函数来获取每个单词的出现频率。

```
function(key, values) {
  var res = 0;
  values.forEach(function(v){ res += 1})
  return {count: res};
}
```

 在第 11 章中，我们已经讨论了为何单词包模型作为文本分类器的一个特性，是在对每个单词所出现的次数进行统计时经常用到的方法。

为了说明本例，我们将使用到 12.2.2 节的内容，具体包括相应内容所创建的 Corpus 数据和 tweets 集合。tweets 集合中所使用到的每一个文件如下面所示：

```
{'via': 'latex',
 'sentiment': 4,
 'text': '@SomeUsr After using LaTeX a lot any other typeset
mathematics just looks greate. http://www.latex.org',
 'user': 'yomcat',
 'date': 'Sun Jun 14 04:31:28 UTC 2009',
 '_id': ObjectId('51ed71359dd27c0b94666696'),
 'id': 14071}
```

在下面的代码中，针对积极的 tweets（sentiment=4）文字作为输入数据源，我们将实现 map_reduce 方法。

```
from pymongo import MongoClientfrom bson.code import Code
import csv
con = MongoClient()db = con.Corpus
tweets = db.tweets
map = Code("""function(){
  this.text.split(' ').forEach(
    function(word){
    var txt = word.toLowerCase();
```

```
      if(!(/^@/).test(txt) &&
        txt.length > 3 &&
      !(/^http/).test(txt)){
    emit(txt,1)
    }
  }
  )
}""")
reduce = Code("""function(key, values) {
    var res = 0;
    values.forEach(function(v){ res += 1})
    return {count: res};
    }""")

result = tweets.map_reduce(map,reduce,"TweetWords",
query={"sentiment":4})
```

输出集合将存储在 TweetsWords 中。我们可以通过下面的命令来检查所得到的单词（2173 个）：

```
db.runCommand( { count: TweetWords } )
```

在下图中，我们可以看到 TweetsWords 集合中的数量和内容。

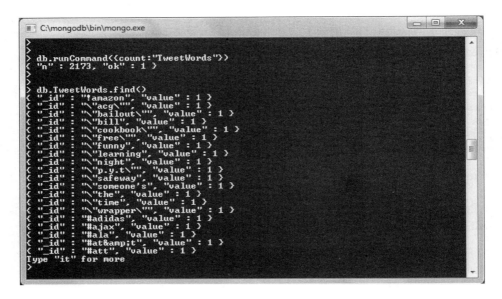

现在，为了实现可视化的效果，我们需要一个 csv 文件来存储频率最高的 50 个单词。在下面的代码中，我们将执行一个对 TweetsWords 集合的查询，并对结果按照降序进行排列，同时将输出的内容限制在 50 个文件以内。最后，我们将查询结果存储在 data.csv 中。

```
with open("data.csv", "w") as f:
    f_csv = csv.writer(f, delimiter=',')
    f_csv.writerow(["text","size"])

    for doc in db.TweetWords.find()
      .sort("value", direction = -1)
      .limit(50):
        f_csv.writerow([doc["_id"],doc["value"]["count"]+30])
        print(doc)
```

具体查询结果如下图所示。

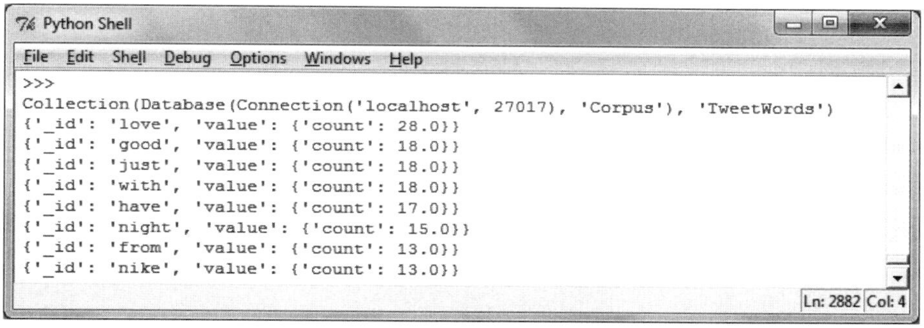

13.7 小结

在本章中，我们探讨了 MapReduce 编程模型的基本概念并说明了常见 MongoDB 的执行过程，例如分组、聚合、统计和汇总等。

MapReduce 是一个日志分析和数据处理的强大工具。在本章中，我们学习了如何在 Python 中使用 PyMongo 及 Jupyter 来发挥其简便但强大的聚合能力。

在下一章中，我们将探索一个在线 Python 工具 Wakari 进行数据分析和开发，及名为 Pandas 的数据分析库。

Chapter 10

第 14 章

使用 Jupyter 和 Wakari 进行在线数据分析

在本章中，我们将介绍一个用于数据分析的在线工具 Wakari，它让我们可以快速地建立起一个完整的 Python 环境。然后，我们将借由 PIL 及 pandas 库来利用 Jupyter 记事本的例子来展示 Wakari 的一些强大功能。

本章将涵盖以下主题：

- ❏ 开始使用 Wakari
- ❏ 开始使用 Jupyter 记事本
- ❏ 通过 PIL 进行图像处理
- ❏ 使用 pandas 处理数据分析
- ❏ 分享记事本

14.1 开始使用 Wakari

Wakari 是一个为协调 Python 数据分析环境而提供的云服务，它是由 ContinuumAnalytics 创建的。Wakari 提供了一个强大的预置环境，它建立在 Anaconda 之上，同时也是一个进行大规模数据处理和科学计算的免费发布版本。Wakari 使用了一个 IPythonGUI，它也是一个改良的 Python shell，用于在进行科学计算中运行相应的写入、调试和测试 Python 代码。

Jupyter 是一个开源环境，提供交互数据科学工具，支持 40 种编程语言。IPython 提供了一个基于终端的界面和一个 HTML 记事本，它类似于 Wolfram-Mathematica 数据软件。

在 Wakari 中，我们能够使用终端内核或者 Jupyter 记事本。

Wakari 可以帮助我们建立一个完整的科学 Python 环境而不需要任何的安装过程。这对于教学目的的用户非常方便，因为我们可以马上进行编码同时 Anaconda 发布版本包含了多个常用库，例如 NumPy、SciPy、Matplotlib、PIL、Pandas、Numba 等。

在 Wakari 中，我们可以使用多个不同类型的终端接入方式，例如 Python、Shell、IPython 或者 SSH。但是，在本章中我们主要关注使用 IPython 记事本。

Jupyter 记事本提供 Web 界面用于编码。记事本是一个在交互界面中进行教学和展示 Python 编程的强大工具。在本章中，我们将使用包含 Wakari 的 Jupyter 记事本，并对一些执行 PIL（Python Image Library）案例和 Pandas 的能力进行测试。

 更多有关 Jupyter 的信息，请访问 http://jupyter.org/。

在 Wakari 中创建一个账户

为了使用 Wakari，我们需要创建一个账户，或者如果我们已经创建了账户，那么需要登录。我们可以通过下面的链接来创建一个新的账户：

https://www.wakari.io/

在下图中，我们能够看到注册新账户的 Web 表单。在本章中，我们将使用一个免费的账户，它有一些使用方面的限制。当然，我们也可以使用 10 美元的服务计划，它让我们可以通过 SSH 的方式访问并长期使用。

登录 Wakari 后界面如下图所示，它的右侧包含了窗口终端的标签栏、IPython 记事本和一个 New Notebook 按钮。

在窗口的左面，我们可以看到用户资源路径列表（由用户自行上传的文件以及文件夹）。

点击 Terminals 标签，我们可以增加一个新的 Python shell、Linux shell 或者 IPython shell。在下图中，我们可以看到一个新的 Python shell。

点击 Tools 然后选择 Anaconda Environments Browser，我们可以看到一个完整的安装包列表和模块列表，具体参见下图。

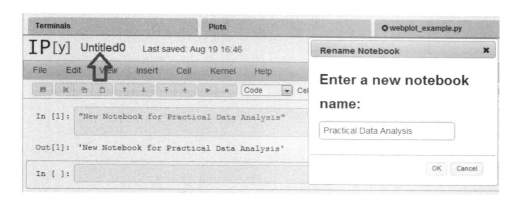

14.2　开始使用 Jupyter 记事本

由于和语言无关的组件的扩展，IPython 演变成 Jupyter 项目，所以 Anaconda 安装已被转换使用为 Jupyter 而不是 IPython。然而，Wakari 仍然能够为笔记本和壳实现 IPython。IPython Notebook（NB）是一个进行 Python 编码的 Web 界面。NB 是基于 JSON 格式框架的，.pynb 文件格式可以共享和移动。

为创建一个空白的记事本，需要点击 New Notebook 按钮。在下图中，我们可以看到如何通过 Untitiled0 标签修改名称的示例，然后重命名记事本。

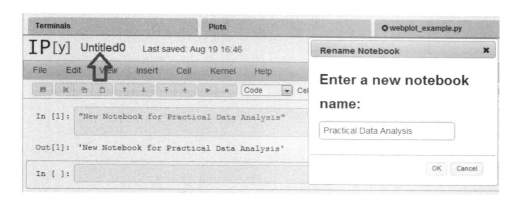

NB 将可以访问所有路径下的资源（文本文件、图像等）。我们也能够通过点击 Wakari 平台中 Upload 按钮来上传文本文件、图像以及其他内容的文件（详见下图中的箭头所指），然后我们可以选择文件，最后点击 Upload Files 按钮。

最后，我们将点击运行按钮（下图中箭头所指）来执行 NB 编码。我们将针对每一次输入编码获得一个编号标记好的输出结果，具体参见下图。我们可以对同一输入内容（In [1]）的多行脚本进行编码，我们将其称为一个细胞，结果如下图所示（out[1]）。我们也可以访问 Anaconda distribution 以及所有路径下的资源和全部模块。

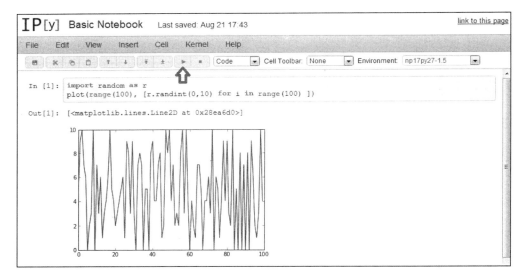

保存 NB 过程时，点击 File 菜单然后选择 Save。如果我们需要在本地保存一个 NB 副本，可以点击 File 菜单然后点击 Download as。接下来，我们能够选择保存文本类型为（.ipynb）或者一个（.py）格式。

 关于 IPython 记事本更多信息请访问 http://ipython.org/notebook.html。

数据可视化

Wakari 支持两种画图方法。第一种方法是使用 matplotlib 以及相应的特性。PyLab 只是 matplotlib、numpy 以及 scipy 的模块包装器，用于进行数值分析和计算。在下图中，我们能够看到执行一个 Axes3D 对象的 plot_surface。

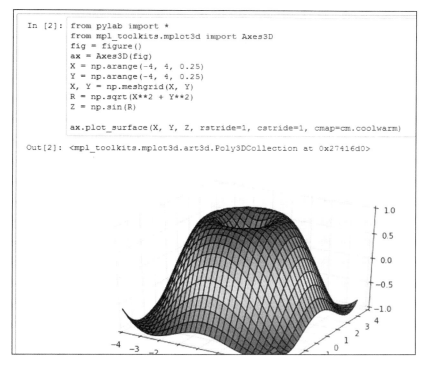

```
In [2]:  from pylab import *
         from mpl_toolkits.mplot3d import Axes3D
         fig = figure()
         ax = Axes3D(fig)
         X = np.arange(-4, 4, 0.25)
         Y = np.arange(-4, 4, 0.25)
         X, Y = np.meshgrid(X, Y)
         R = np.sqrt(X**2 + Y**2)
         Z = np.sin(R)

         ax.plot_surface(X, Y, Z, rstride=1, cstride=1, cmap=cm.coolwarm)

Out[2]:  <mpl_toolkits.mplot3d.art3d.Poly3DCollection at 0x27416d0>
```

 关于更多 matplotlib 的信息可以访问 http://matplotlib.org/。

第二种方法是通过 Wakari 中定制好的画图库 webplot（仍然在开发之中）进行画图，它创建了一个 SVG 图形，目前只支持线图和散点图。在下图中，我们可以看到一个使用 webplot 方法对随机点的散点图进行展示的例子。

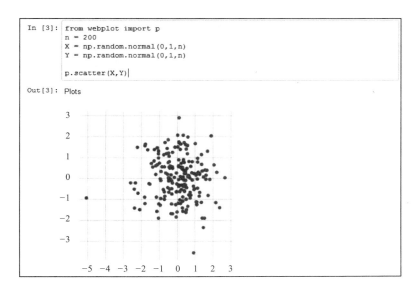

```
In [3]:  from webplot import p
         n = 200
         X = np.random.normal(0,1,n)
         Y = np.random.normal(0,1,n)

         p.scatter(X,Y)

Out[3]:  Plots
```

14.3 通过 PIL 进行图像处理

本章的目的在于对一些 Wakari 预装组件进行展示。在本节中,我们将探讨一些关于 PIL(Python Image Library)的基本功能,例如直方图、过滤、操作和变形。我们已经在第 5 章中介绍过安装并使用 PIL 的方式。

首先,我们将上传 images412.jpg(恐龙)和 826.jpg(陆地)的文件到相应的路径中(参考图中箭头的位置)。图像来自于第 5 章的 Caltech-256 图像数据集。

14.3.1 打开图像

我们需要做的第一件事情就是导入 PIL 和 pylab 模块。下面我们将使用 open 方法来打开 Image 对象。最后,我们将通过 pylab 中的 imshow 方法来执行可视化操作。脚本的输出结果如下图所示。

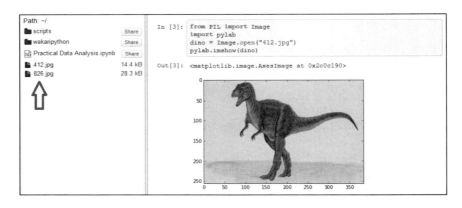

 关于 PIL 的更多信息可以访问 http://www.pythonware.com/products/pil/。

14.3.2 显示图像直方图

一个图像直方图是每一个像素密度的频率分布情况。PIL 提供给我们一种 histogram 方法,让我们可以获得每个颜色基调的频率。根据图像中含有 RGB(红,绿,蓝)的情况,我们将得到一个包含有 768 个值的数组(256 个基调 × 3 种颜色)。

通常情况下,我们需要图像灰度的直方图是因为相比较 RGB 的全色模型而言,处理 256 个灰色密度更加容易。在 PIL 中我们只需要在 histogram 方法中加入一个 L 参数,那么图像将会被当做灰色图像处理:

```
hist = land.histogram("L")
```

在下图中,我们将获得一个图像的 RGB 直方图(826.jpg),同时也通过 pylab 中的 hist() 方法来对直方图进行描绘。

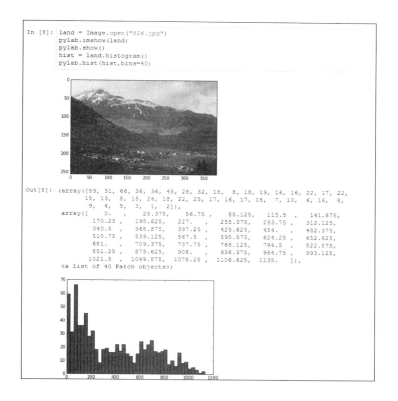

14.3.3　过滤

filter() 方法（过滤方法）是通过过滤器返回一个图像的过滤副本。我们将使用到 ImageFilter 对象，它同时支持 BLUR、CONTOUR、DETAIL、EDGE_ENHANCE、EDGE_ENHANCE_MORE、EMBOSS、FIND_EDGES、SMOOTH、SMOOTH_MORE 以及 SHARPEN 过滤操作。在本节中，我们将测试一些常用的过滤器，同时使用 pylab 中的 imshow 方法来进行绘图。在下图中，我们能够观察到应用于恐龙图像的 BLUR 过滤器。

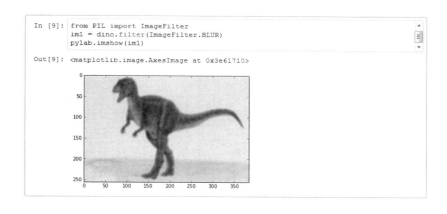

在下图中，我们可以看到应用于恐龙图像的 FIND_EDGES 过滤器。

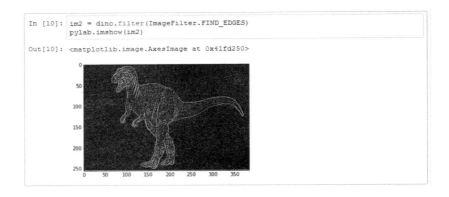

在下图中，我们可以看到应用于陆地图像的 EDGES_ENHANCE_MORE 过滤器。

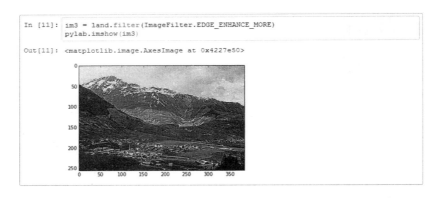

在下图中，我们可以看到应用于陆地图像的 COUNTOUR 过滤器。

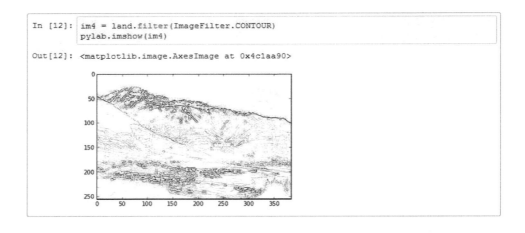

关于 Image Filter 对象的相关参考文件可以访问 http://bit.ly/1fenKFq。

14.3.4　操作

PIL 包含了一些应用于 ImageOps 对象的最常用的图像处理操作。

在下图中，我们可以看到使用了 invert 操作的恐龙图像，它对每一个像素进行反转操作（照片负像）。我们将使用来自 PIL 库的 ImageOps 对象里的 invert() 方法。

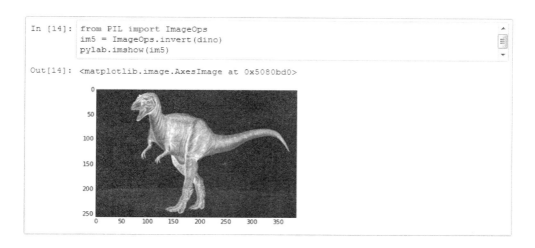

在下图中，我们能够看到对恐龙的图像进行灰度转化以后的图像。

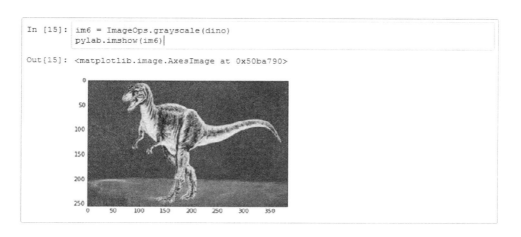

在下图中，我们能够看到对恐龙图像使用 solarize() 方法（曝光过度方法）的图像，它是将所有的像素值都转化到一个特定的极限值。

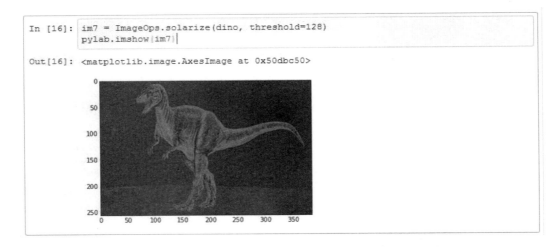

```
In [16]: im7 = ImageOps.solarize(dino, threshold=128)
         pylab.imshow(im7)
```

```
Out[16]: <matplotlib.image.AxesImage at 0x50dbc50>
```

 关于 ImageOps 对象更多的内容可以访问 http://bit.ly/1741meW。

14.3.5 转化

PIL 为我们提供了多种图像转化的方法,例如 transform、transpose、crop 等。

在下图中,我们可以看到一个使用 transpose 方法对陆地进行旋转的图像副本,我们也可以使用任何一个诸如 FLIP_LEFT_RIGHT、FLIP_TOP_BOTTOM、ROTATE_90、ROTATE_180 或 ROTATE_270 的选项。

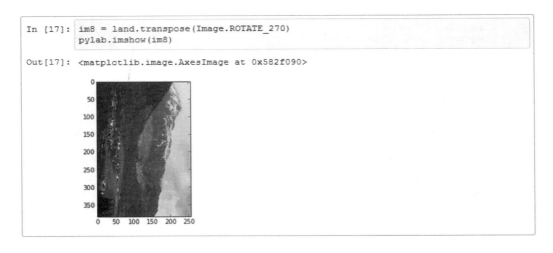

```
In [17]: im8 = land.transpose(Image.ROTATE_270)
         pylab.imshow(im8)
```

```
Out[17]: <matplotlib.image.AxesImage at 0x582f090>
```

在下图中,我们可以看到一个陆地图像的部分四边形区域,它使用了 crop() 方法,获取相应的像素坐标(左,上,右,下)。crop() 方法返回图像的一个矩形副本。

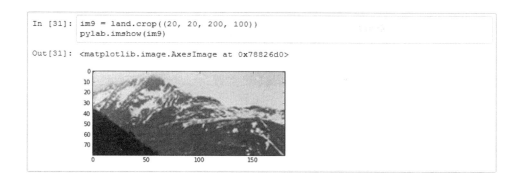

14.4　开始使用 pandas

pandas 是一个用于数据操控和分析的强大库，是由 Wes McKinny 编写。pandas 库让我们能够优化数据结构，例如序列和数据框架等内容，这对于描述统计、索引以及聚合等都非常适用。pandas 已经在 Wakari 的 Anaconda 分布中进行了安装。在本节中，我们将展示一些使用 pandas 进行时间序列和多变量数据分析的基本操作。关于 pandas 更多信息，可以访问 http://pandas.pydata.org/。

14.4.1　处理时间序列

时间序列帮助我们了解变量在不同时间点的变化情况。pandas 包含了具体功能特性来清晰地进行时间序列操作。本节中，我们需要上传一个 Gold.csv 文件。这个文件在第 7 章中使用过。文件的前 5 行内容如下：

```
date,price
1/31/2003,367.5
2/28/2003,347.5
3/31/2003,334.9
4/30/2003,336.8
5/30/2003,361.4
. . .
```

我们将通过前面所采用的上传用户路径的方式，即 read_csv 方法来加载 Gold.csv 文件。同时，我们也将通过激活 parse_date 参数（parse_dates=True）来对日期信息进行解析。在下图中，我们能够看到加载的结果是，DataFrame 对象包含了一个 DatetimeIndex 和一个包含了价格的数据列。

下面我们只需要调用 DataFrame 中的 plot() 方法就能完成对时间序列的可视化展示。在下图中，我们可以看到 2003 年到 2013 年的黄金价格。DataFrame 中的 Plot() 方法是 malplotlib 库中的 plt.plot() 方法的包装器。

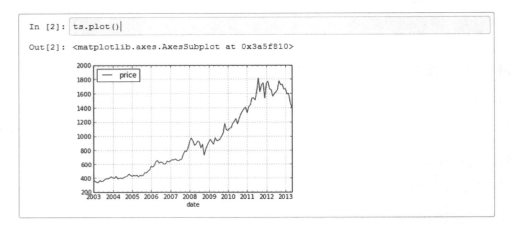

我们只需明确一个范围就可以对时间序列完成切分。在下图中，我们只需要将记录设定在 2006 到 2007（["2006"："2007"]）。

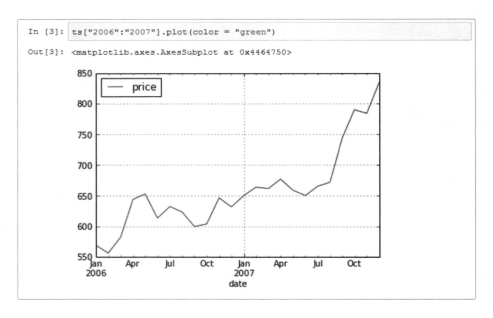

我们也可以定义具体的日期 ts ["2003/05/30"] 或者一个具体的月份 ts["2003/05"]。使用 truncate 方法，我们可以将时间序列切分到两个具体的日期之间。

```
ts.truncate(after = "05/30/2003")
```

pandas 库为我们提供了灵活的按照不同的频率（月份、年度、周、日等）进行样本重组的操作。在下图中，我们将通过 resample 方法将月度数据转化为年度数据。这时候，我们将看到更加平滑的序列图形。

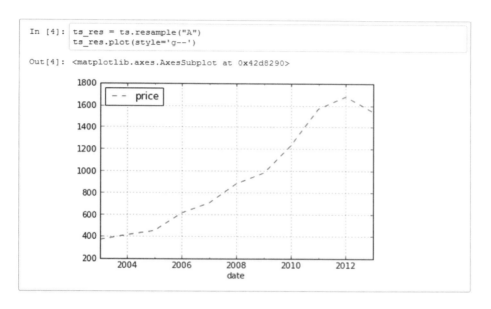

resample 方法中的 how 参数可以是一个定制化的函数名，或者一个可以选取一个数组并生成聚合数据的 numpy 数组函数。例如，如果要获得 max，我们将参数设定为：

```
ts.resample("A", how=[np.max])
```

在下图中，我们将获取三个序列：max、mean 和 min。我们将按照两种不同的方式对这些数据进行绘图，第一种方法是通过 subplots=True 选项，这种方法显示了三种不同的图形；第二种方法是 direct plot（直接进行绘图），进而让我们在同一图形中看到三条不同的线。

 关于 pandas 时间序列文件的更多内容可以访问 http://pandas.pydata.org/pandas-docs/dev/timeseries.html。

14.4.2　通过数据框架来操作多变量数据集

在本节中，我们将通过 pandasDataFrame 对象来对多变量数据集执行相同的描述性统计。在本节中，我们将使用 iris.csv 数据集，因此在我们开始操作 IPython 记事本之前，我们需要将文件上传到 Wakari 路径下。iris 鲜花数据集可能是最常用的按照三种类别（setosa、 versicolour、virginica)、4 种属性(SepalLength、SepalWidth、PetaLength、PetalWidth)和 150 行等因素进行分类的数据集。我们可以在 UC Irvine 机器学习资料库中下载 iris 数据集,具体的访问网址为 http://archive.ics.uci.edu/ml/datasets/Iris。

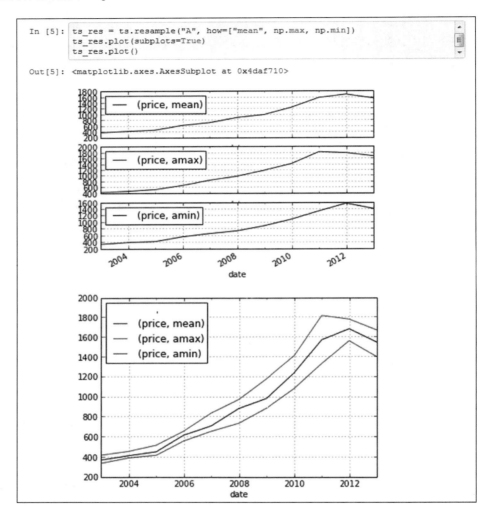

iris.csv 文件的前 5 条记录如下所示:

```
name,SepalLength,SepalWidth,PetalLength,PetalWidth
setosa,5.1,3.5,1.4,0.2
setosa,4.9,3,1.4,0.2
setosa,4.7,3.2,1.3,0.2
setosa,4.6,3.1,1.5,0.2
setosa,5,3.6,1.4,0.2
. . .
```

首先，我们需要将使用 read_csv 方法将 iris.csv 文件上传到 DataFrame 对象中。然后，我们将使用 RadViz 对数据集进行绘图，它是一个放射性的可视化方法，可以对多变量数据进行展示。被展示的属性将以锚点的方式进行呈现，它们平均分布在圆周上。在下图中我们可以看到 SepalLength、SepalWidth、PetalLength、PetalWidth 的相应锚点。数据集实例（行）将以点的方式在圆圈内出现，这种可视化的方法可以作为一个分类技术。

在下图中，我们可以看到使用 radviz 方法对数据集进行描绘的结果。

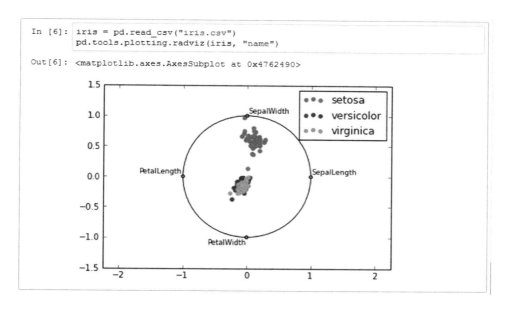

pandas 为我们提供了 head 方法（参考下图），它让我们获得数据框架中的前 5 条记录，而提供的 tail 方法让我们获得了数据框架中的最后 5 条记录。

```
In [7]: iris.head()
Out[7]:
```

	name	SepalLength	SepalWidth	PetalLength	PetalWidth
0	setosa	5.1	3.5	1.4	0.2
1	setosa	4.9	3.0	1.4	0.2
2	setosa	4.7	3.2	1.3	0.2
3	setosa	4.6	3.1	1.5	0.2
4	setosa	5.0	3.6	1.4	0.2

我们可以通过 max、min 和 mean 方法分别获得数据对象的基本统计结果。但是我们也可以使用 describe 方法来获得数据框架的汇总分析结果，具体参考下图。

```
In [10]: iris.describe()
Out[10]:
```

	SepalLength	SepalWidth	PetalLength	PetalWidth
count	150.000000	150.000000	150.000000	150.000000
mean	5.843333	3.057333	3.758000	1.199333
std	0.828066	0.435866	1.765298	0.762238
min	4.300000	2.000000	1.000000	0.100000
25%	5.100000	2.800000	1.600000	0.300000
50%	5.800000	3.000000	4.350000	1.300000
75%	6.400000	3.300000	5.100000	1.800000
max	7.900000	4.400000	6.900000	2.500000

通过一个散点图,我们可以看到两个变量之间的相互关系。但是,当我们使用了多变量数据集时,散点图的数量将增加。在这些例子中,我们使用了一个散点图矩阵来更加容易地描绘一个数据集的相关关系。在 pandas.tools.plotting 中提供了一个 scatter_matrix 方法(参见下图)。

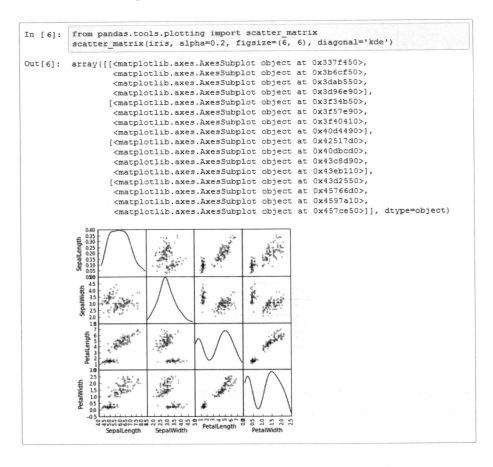

```
In [6]: from pandas.tools.plotting import scatter_matrix
         scatter_matrix(iris, alpha=0.2, figsize=(6, 6), diagonal='kde')
Out[6]: array([[<matplotlib.axes.AxesSubplot object at 0x337f450>,
               <matplotlib.axes.AxesSubplot object at 0x3b6cf50>,
               <matplotlib.axes.AxesSubplot object at 0x3dab550>,
               <matplotlib.axes.AxesSubplot object at 0x3d96e90>],
              [<matplotlib.axes.AxesSubplot object at 0x3f34b50>,
               <matplotlib.axes.AxesSubplot object at 0x3f57e90>,
               <matplotlib.axes.AxesSubplot object at 0x3f40410>,
               <matplotlib.axes.AxesSubplot object at 0x40d4490>],
              [<matplotlib.axes.AxesSubplot object at 0x42517d0>,
               <matplotlib.axes.AxesSubplot object at 0x40dbcd0>,
               <matplotlib.axes.AxesSubplot object at 0x43c8d90>,
               <matplotlib.axes.AxesSubplot object at 0x43eb110>],
              [<matplotlib.axes.AxesSubplot object at 0x43d2550>,
               <matplotlib.axes.AxesSubplot object at 0x45766d0>,
               <matplotlib.axes.AxesSubplot object at 0x4597a10>,
               <matplotlib.axes.AxesSubplot object at 0x457ce50>]], dtype=object)
```

关于 Pandas 数据框架的相关内容文件可以访问 http://pandas.pydata.org/pandas-docs/dev/dsintro.html。

14.4.3 分组、聚合和相关

通过应用 groupby 方法并选择相应的分组列，pandas 为我们提供了一个方便的语法方式来对 DataFrame 对象进行分组和聚合。

```
g = iris.groupby("name")
for name, group in g: print name
```

```
>>>setosa
>>>versicolor
>>>virginica
```

在下图中，我们可以看到按照不同的 name 来对数据集使用 sum、max 和 min 方法所获得的聚合后的数据。

In [11]: `iris.groupby("name").sum()`

Out[11]:

name	SepalLength	SepalWidth	PetalLength	PetalWidth
setosa	250.3	171.4	73.1	12.3
versicolor	296.8	138.5	213.0	66.3
virginica	329.4	148.7	277.6	101.3

In [12]: `iris.groupby("name").max()`

Out[12]:

name	SepalLength	SepalWidth	PetalLength	PetalWidth
setosa	5.8	4.4	1.9	0.6
versicolor	7.0	3.4	5.1	1.8
virginica	7.9	3.8	6.9	2.5

In [13]: `iris.groupby("name").min()`

Out[13]:

name	SepalLength	SepalWidth	PetalLength	PetalWidth
setosa	4.3	2.3	1.0	0.1
versicolor	4.9	2.0	3.0	1.0
virginica	4.9	2.2	4.5	1.4

我们也可以对分组后的数据调用 describe 方法，如下图所示。在本例中，我们将获得

每一组聚合后的数据。

```
In [14]: iris.groupby("name").describe()
Out[14]:
```

name		SepalLength	SepalWidth	PetalLength	PetalWidth
setosa	count	50.000000	50.000000	50.000000	50.000000
	mean	5.006000	3.428000	1.462000	0.246000
	std	0.352490	0.379064	0.173664	0.105386
	min	4.300000	2.300000	1.000000	0.100000
	25%	4.800000	3.200000	1.400000	0.200000
	50%	5.000000	3.400000	1.500000	0.200000
	75%	5.200000	3.675000	1.575000	0.300000
	max	5.800000	4.400000	1.900000	0.600000
versicolor	count	50.000000	50.000000	50.000000	50.000000
	mean	5.936000	2.770000	4.260000	1.326000
	std	0.516171	0.313798	0.469911	0.197753
	min	4.900000	2.000000	3.000000	1.000000
	25%	5.600000	2.525000	4.000000	1.200000
	50%	5.900000	2.800000	4.350000	1.300000
	75%	6.300000	3.000000	4.600000	1.500000
	max	7.000000	3.400000	5.100000	1.800000
virginica	count	50.000000	50.000000	50.000000	50.000000
	mean	6.588000	2.974000	5.552000	2.026000
	std	0.635880	0.322497	0.551895	0.274650
	min	4.900000	2.200000	4.500000	1.400000
	25%	6.225000	2.800000	5.100000	1.800000
	50%	6.500000	3.000000	5.550000	2.000000
	75%	6.900000	3.175000	5.875000	2.300000
	max	7.900000	3.800000	6.900000	2.500000

我们也可以对多个变量进行分组。具体如下列代码所示。

```
for name, group in iris.groupby(["name", "SepalLength"]):
  print name
  print group
```

所获得的具体结果如下所示。

```
('setosa', 4.3)
      name  SepalLength  SepalWidth  PetalLength  PetalWidth
13  setosa          4.3           3          1.1         0.1
('setosa', 4.4)
      name  SepalLength  SepalWidth  PetalLength  PetalWidth
```

```
8     setosa        4.4        2.9        1.4        0.2
38    setosa        4.4        3.0        1.3        0.2
42    setosa        4.4        3.2        1.3        0.2
. . .
```

 关于 Pandas groupby 方法的更多相关文件可以访问 http://pandas.pydata.org/pandas-docs/dev/groupby.html。

pandas DataFrame 为我们提供了一个相关分析功能（corr）同时也可以通过使用方法参数来执行三个相关系数方法：pearson（默认值）、kendall 以及 spearman。

```
iris.corr(method='spearman')
```

在本例中，我们将获得两个属性（图中的 In[15]）进行相关分析，同时对所有属性（图中的 In[16]）进行相关分析。

```
In [15]: iris["SepalLength"].corr(iris["PetalLength"])
Out[15]: 0.87175377588658287

In [16]: iris.corr()
```
Out[16]:

	SepalLength	SepalWidth	PetalLength	PetalWidth
SepalLength	1.000000	-0.117570	0.871754	0.817941
SepalWidth	-0.117570	1.000000	-0.428440	-0.366126
PetalLength	0.871754	-0.428440	1.000000	0.962865
PetalWidth	0.817941	-0.366126	0.962865	1.000000

14.5　分享你的记事本

Wakari 最具特色的功能是我们可以跟其他 Wakari 用户分享记事本。他们可以将其导入到各自相应的账户中。这个特性让 Wakari 成为教学或者演示的最佳选择。

数据

当我们的 IPython 记事本一切准备就绪，我们可以通过点击 share 按钮来将我们的记事本共享给其他用户，这个 Share 按钮就在资源标签中记事本名称的旁边。

在下图中，我们可以看到 Sharing 窗口，此处我们可以对我们的记事本进行名称的修改或增加特征描述。对于付费用户而言，我们也可以增加一个密码来保护我们自己的隐私。

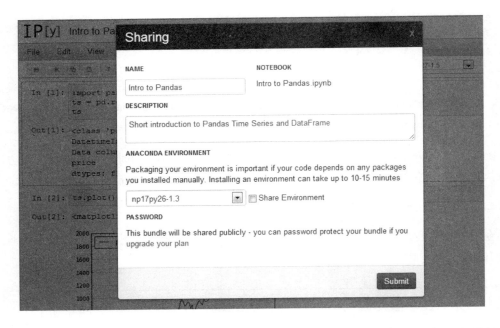

一旦准备好，我们只需点击 Submit 按钮。我们将看到 Sharing Status 窗口完成整个处理过程，我们可以点击 Link to the bundle 来查看记事本的共享结果（参考下图）。

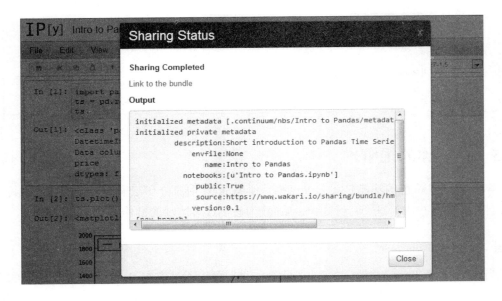

当点击 Link to the bundle 时，我们将看到 IPython 记事本中 Intro to Pandas 作为一个只读文件。如果我们点击 Run/Edit this Notebook 按钮，我们将在 Wakari 环境中对该记事本创建一个副本，这时我们就可以自由地上传了，如下图所示。

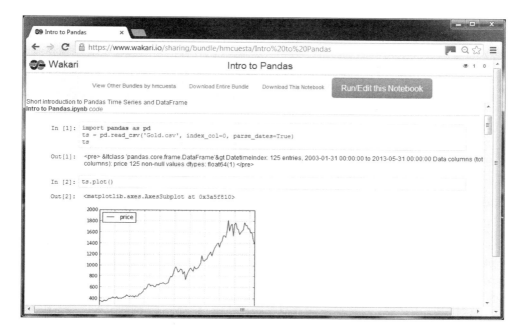

在下图中，我们看到通过浏览到 account name | Settings | Sharing 路径下，我们能够看到 Shared Bundles，在那里我们可以获得链接或者删除我们共享过的记事本。

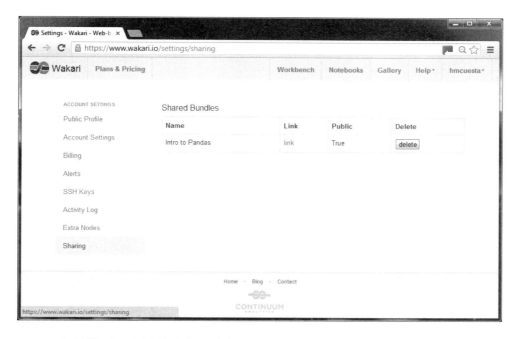

Wakari 也提供了一个导览功能，我们可以获取对记事本的辅导教程，用于进行复制或

者修改。关于导览可以访问 https://www.wakari.io/gallery。

 本章中的所有代码和记事本内容都可以在作者的 GitHub 资料库中找到，网址为 https://github.com/hmcuesta/PDA_Book/tree/master/Chapter14。

14.6　小结

在本章中，我们探讨了一个有趣的 Python 在线数据分析工具 Wakari，它提供了进行教学和代码共享的一个科学使用环境。这是一个好工具用来教授及分享代码。在本章中，我们对图像处理和 pandas 资料库进行了初步介绍。在 pandas 这部分，我们学习了如何使用时间序列和多变量数据集。最后，我们学习了如何与其他 Wakari 用户共享我们的 IPython 记事本及 IPython 如何演变成 Jupyter 项目。

Wakari 是一个得到了 Python 社区高度推荐的工具，因为它提供了一个强大的 Anaconda 环境并支持所有的主流 Python 库。

使用 Apache Spark 处理数据

在本章中，我们将介绍数据处理架构和 Cloudera 平台分布方式的特点。然后我们将探讨如何使用分布式文件系统并通过 Web 终端进行文件管理。最后，我们将介绍如何使用 Apache Spark，它是一个开源的工具，立足于快速易用的目标而形成的大数据处理框架。Apache Spark 让我们通过统一的框架来管理大数据处理需求，例如流式数据、机器学习以及分析等。

本章将涵盖以下主题：

❏ 了解数据处理

❏ 数据处理平台

❏ 分布式文件系统概述

❏ Apache Spark 概述

❏ 掌握数据处理

如今数据处理的场景发生了很大的变化。一些让人眩晕的词汇例如大数据、数据科学、深度学习以及相关的工具和方式都得以不断涌现和演化。Apache Spark 的优势体现在处理速度，对 YARN 或 Apache Mesos 等跨平台的适用性，对 Java、Scala、Python 以及 R 等语言的广泛支持，进而使得该工具得到了数据社区以及专业领域的广泛应用。

本章中所探讨的数据架构具有三个主要特点：

❏ **集群管理**：负责管理集群并在节点中对作业进行调度。

❏ **分布式存储**：数据处理过程包含了大量的数据。这些数据需要在集群中具备可靠的和可扩展的数据存储组织方式。一个分布式文件系统可以利用一组物理存储硬盘来简化备份。

❑ **处理和分析**：在这个层面，我们通过批量方式（数据在一次性接收完毕后进行处理）或者流数据方式（实时数据处理方式）来执行数据处理。

看一看下面的示意图：

15.1 数据处理平台

在实时数据处理之前，数据处理架构涵盖了诸多技术和工具，用于进行作业调度。几年前，我们需要安装所有数据处理的工具。现在我们只需要通过一个单一步骤就能执行整个环境。例如 Cloudera、Hortonworks 以及 MapR 等数据公司为我们提供了在一个虚拟机环境或者一个 Docker 容器（自动化部署 Linux 应用软件环境）中进行整个数据环境安装的单节点集群方案。

许多数据分析应用都需要通过批量后处理或者实时的方式进行大量的数据集处理。对于一个数据科学家而言，创建一个完整的环境是第一要务，此时，安装一个即刻可以使用的平台来快速地执行操作是最好的办法。这里一个主要的优势是你既可以在一个单节点环境中工作，也可以在一个多节点的环境中工作，Apache Spark 项目是独立于基础环境而存在的编程过程。

15.1.1　Cloudera 平台

在本节中，我们选择介绍 Cloudera 分布式大数据平台，因为它具有很好的扩展性并支持 Apache Spark。在下面这个分层的图表中，我们可以看到数据环境的完整蓝图。

平台整合了一系列数据整合工具，支持结构化和非结构化数据处理，数据以文件系统、NoSQL 或者关系型数据库的形式存储。平台支持数据以批量方式、流数据或者查询方式进行处理。最后，平台统一了集群资源管理、安全和调度。下面的分类图展示了 Cloudera 平台环境中的所有工具。

 对于 QuickStart VM 软件版本和文档的完整介绍，请访问 http://bit.ly/2bGQb7Z。

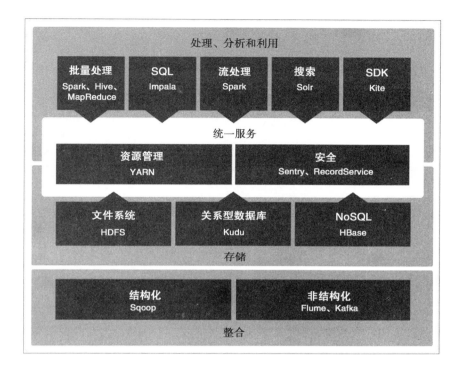

15.1.2 安装 Cloudera VM

在本例中，我们在 Oracle VirtualBox 中选择一个 Cloudera 分布式单节点的集群虚拟机。虚拟机需要在主硬件中配备至少 8GB 内存，至少 4GB 内存分配给 CDH5 版本虚拟机环境。

 有关 VirtualBox 的安装信息可以访问 https://www.virtualbox.org/wiki/Downloads。

下面是安装的具体步骤：

1）需要下载适用于操作系统的 VirtualBox 的最新版本，并进行安装。

2）安装完毕后，需要创建一个带有（64 位）Linux 的虚拟机，具体如下图所示：

3）启动 Cloudera VM，并在 VirtualBox 中运行：

按下 Ctrl+I 组合键并选择虚拟图像 Cloudera Push，然后选择 Next，之后选择 import，紧接着图像将被导入。最后选择虚拟机并点击 Run。

 有关 Cloudera VM 分布文件的内容可以访问 http://www.cloudera.com/downloads/quickstart_vms/5-8.html。

4）一旦完成安装并启动了 Cloudera VM，将看到下图：

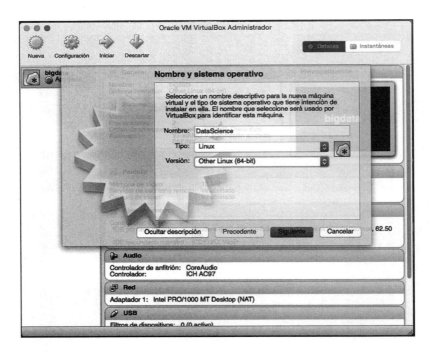

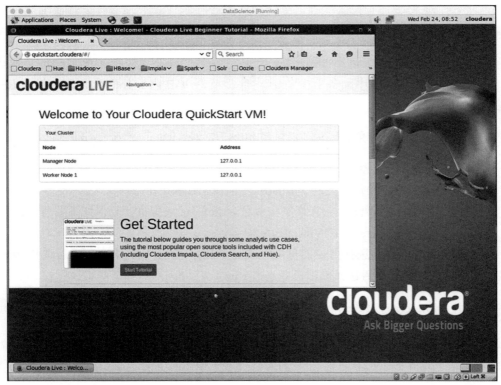

15.2　分布式文件系统概述

分布式文件系统又叫作文件系统，因为它具有基本的功能，例如存储、读取、删除和设定安全等级等。但是其中的主要差别在于不考虑同步复杂性的情况下，可以同时使用的服务器的数量。在本例中，我们无须考虑冗余和并行操作，而可以把一个大的文件存储在不同的服务器节点中。

对于分布式文件系统而言，存在很多框架，例如 Red Hat Cluster FS、Ceph 文件系统、Hadoop 分布式文件系统（HDFS），以及 Tachyon 文件系统。

在本章中，我们将使用 HDFS，它是一个开源工具，在 Google 文件系统中得以应用，用于在商业硬件集群中处理大量文件。HDFS 的集群执行在 NameNode 上，用于管理文件系统，同时一系列的 DataNode 用于管理文件在单一集群节点中的存储情况，如下图所示。

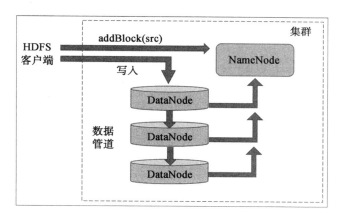

 有关 HDFS 的更多信息，可以在链接 http://www.aosabook.org/en/hdfs.html 中找到。

15.2.1　使用 Hadoop 分布式文件系统（HDFS）的具体步骤

使用 HDFS 最常用的方式是通过终端命令。广泛而言，我们将管理超过 100MB 的文件或者图像。我们将通过一个单一的硬盘与 HDFS 交互，所有的复杂过程都被工具操作替代。

1）使用以下指令开启终端并创建一个库：

```
hadoop fs -mkdir <paths>
>>> hadoop fs -mkdir /user/data
```

2）使用以下指令复制一个文本文件 HDFS 中：

```
hadoop fs -put <local-src> ... <HDFS_dest_path>
>>> hadoop fs -put texts.txt /user/data/folder/texts.txt
```

3）使用以下指令在一个新的目录中列出文件：

```
hadoop  fs  -ls  <args>
>>> hadoop fs -ls /user/data/folder
```

4）使用以下指令从 HDFS 中复制 texts.txt 文件到本地的文件系统：

```
>>> hadoop fs -get /user/data/folder/texts.txt /documents/
```

 更多关于 HDFS 的资料可访问 http://bit.ly/2bQq6kF。

15.2.2 利用 HUE 的 Web 界面来进行文件管理

HUE 是一个开源的 Web 界面，可以用于轻松地管理和分析 Apache Hadoop 生态系统中的数据。可以通过 Web 界面对 HDFS 的界面进行处理，只需在 Cloudera VM 中打开浏览器，输入 http://localhost：8888/ 即可启动 HUE，如下图所示，然后我们将使用 cloudera 作为用户名和密码记录日志：

打开 HUE 界面后，可以到 File Browser 中上传或者下载文件，直接录入 HDFS；这里简化了文件及文件夹的管理和查询过程，具体如下图所示：

 有关 HUE Web 界面的更多文档资讯，请访问链接 http://gethue.com/。

15.3　Apache Spark 概述

Apache Spark 是一个开源集群计算系统，具有显著的数据并行处理机制和容错机制。Spark 最早创建于加州大学伯克利分校（UC Berkeley）的 AMP 实验室，Spark 的主要目标是应用内存计算进行快速读写。可以用 Spark 来操控分布式的数据集，例如本地文献。在本章中，我们将对 Spark 编程模型及其生态系统的基本操作进行介绍。

 有关 pandas 的更多信息可以在网址 http://spark.apache.org/ 中找到。

15.3.1　Spark 的生态系统

Spark 自带高级语料库，可以进行 SQL 查询、机器学习、图形处理以及流数据处理。这些语料库提供了全面兼容的操作环境。下图展现了完整的 Spark 生态系统。

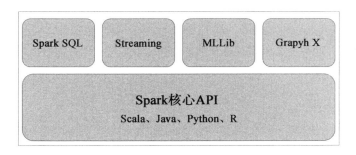

接下来，详细介绍一下上述组件：

❑ Spark 核心 API

Spark 核心 API 的特点是：

○ 让其他功能构建在执行引擎之上；

○ 提供内存处理加速了作业的执行；

○ 建立在 Scala 编程语言之上，但是对其他语言如 Java、Python 和 R 也提供支持。

❑ Spark SQL

Spark SQL 的特点如下：

○ 利用交互式的 SQL 类查询，对编程过程进行抽象化，进而对数据进行探索分析和报告汇总；

○ 利用了一种分布式的 SQL 查询引擎并定义为 DataFrame，用于对数据结构进行操作；

○ 对 Spark 生态系统中的其他语料库而言，如用于进行机器学习算法的 Spark ML，它可以作为一种数据源。

❑ Spark Streaming

Spark Streaming（Spark 流处理）的特点如下：

○ 它可以处理流式数据，当数据源是实时生成数据时，Spark Streaming 是一种绝佳的选择；

○ 它可以让你对不同的数据源进行流式数据处理，例如 Twitter、Kafka 或 Flume，并且这个过程是容错的。

❑ MLLIb

MLLIb 的特点如下：

○ 它是一种可扩展的机器学习语料库；

○ 它所包含的算法可以用于执行大多数的机器学习任务，例如分类、回归、推荐、优化和集群等。

❑ GraphX

GraphX 的特点如下：

○ 它是一种图形计算引擎，可以处理图形结构的数据，包括最常用的图形计算算法，例如中心定位和距离。

 在链接 http://pandas.pydata.org/pandas-docs/dev/timeseries.html 中，可以找到有关时序分析文档的相关资料。

15.3.2 Spark 编程模型

我们可以使用 Spark shell 对 Spark 直接进行终端操作，当我们输入代码的时候，它会返回实时的处理结果。通过在 Spark 目录下运行 ./bin/spark-shell，我们可以访问基于 Scala 的 Spark Shell。在本章中，我们将使用 Python 作为 Spark 编程的主要语言，我们会使用 PySpark shell。因此我们需要从 Spark 基础目录终端执行 ./bin/pyspark。

我们将立刻获得操作指引，如下图所示：

要在 Spark 环境下进行编程的第一步是创建一个 SparkContext，它用于创建 Spark Conf 对象，包括了集群配置文件，让我们辨别是在多核还是单核集群中。这些内容可以通过 SparkConf 类的构造函数来进行初始化，具体的编码如下所示：

```
>>> from pyspark import SparkContext
>>> sc = SparkContext("local","Fitra")
```

Spark 的主要数据结构是弹性分布式数据集（Resilient Distributed Dataset，RDD），它是在集群分布式或者分区式部署节点中形成的数据集。一个弹性分布式数据集对象是具有容错性的。如果出现通信失败或者硬件故障，它能够在任何节点中对自己进行重构。我们可以通过输入如下代码来创建一个新的 RDD 对象。

```
>>> data = sc.textFile("texts.txt")
```

RDD 对象包含了一系列的任务和转化用于处理数据。**任务**（action）将返回一个值，例如，count() 返回的是 RDD 对象中记录的数量或者 first() 返回的是一组数据集的第一个记录，如下代码所示：

```
>>> data.count()
10000
>>> data.first()
u'# First record of the text file'
```

转化（transformation）将返回另一类 RDD 的处理结果；例如，如果想要筛选 RDD 中的文本文件来找到带有"second"关键字的内容，可执行如下代码：

```
>>> newRdd = data.filter(lambda line: "second" in line)
```

 在链接 http://bit.ly/1i5Jm9g 中，我们可以找到关于 Spark 任务和转化的文档。

当一个程序在 Spark 上运行时，整个过程运行为一个 SparkUI，这是一个基于 Web 端的资源监控界面，包含了作业、存储，以及节点上的执行情况。我们可以通过 http://192.
169.50.181：4040 来进入监控界面。即使是在程序运行过程中，这个界面也是可访问的。
例如，我们可以运行一个相关矩阵的微积分样例，包括在 Spark 执行过程中，我们可以在
SparkUI 中看到如下过程，具体如下图所示。

```
>>>./bin/run-example org.apache.spark.examples.mllib.Correlations
```

值得一提的是，Spark 中的转化选取的是**惰性求值**（Lazy evaluation）的方式，这意味
着转化只会计算需要任务执行返回值的情况。

15.3.3　Apache 启动的介绍性操作样例

在本节中，我们将一起探索分布式计算中最经典的示例——计算词的次数，即我们能
够了解每一个单词出现的次数。在这个具体的示例中，我们将执行一个 map 和一个 reduce
方法（参见第 13 章）。在本例中，我们将利用 Python 语言在 Spark 中执行，使用 map 任务
并使用 reduceByKey 转化：

具体的执行步骤如下：

1）在 pyspark 库中录入 SparkContext。

2）从 pyspark 中导入 SparkContext。

3）使用一个单节点配置（本地）创建一个 SparkContext 对象。

4）对该作业分配一个名字（WCount）：

```
sc = SparkContext("local","WCount")
```

5）从 HDFS 中导入一个文件并录入 RDD 对象中，命名为 textFile：

```
url = "hdfs://localhost/user/cloudera/words.txt"
textFile = sc.textFile(url)
```

6）创建一个向量包含单词和单词出现的次数，并存入文本文件中。

7）创建一个向量包含所有的单个单词并执行转化语句 flatMap（lambda line ： line.split（" "））。

8）利用转化语句 .map（lambda word:（word,1）），定义一个具体的单词出现了多少次，每出现一次就将数字增加到每个单词所对应的向量中。

9）最后，通过 .reduceByKey（lambda a，b ： a+b）任务语句将所有单词的次数相加并保存在最终结果中：

```
counts = textFile.flatMap(lambda line: line.split(" ")) \
        .map(lambda word: (word, 1)) \
        .reduceByKey(lambda a, b: a + b)
```

10）使用 saveAsTextFile 将结果保存在一个文件夹中：

```
counts.saveAsTextFile("hdfs://localhost/user/cloudera/out")
```

为了在节点上执行任务，我们需要访问终端并执行语句 ./bin/spark-submit< 文件名 >，然后可以看到在 HDFS 的文件夹中出现了结果，在这里我们可以看到文件名为 _SUCCESS 的文件，并展现了具体的执行状态。我们还能找到一个名为 part-00000 的文件，具体的结果如下图所示。

```
>>> ./bin/spark-submit TestSpark.py
```

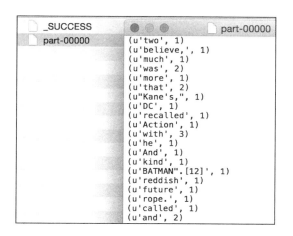

 所有的代码及记录都可以在作者的资料库中找到，链接为 https://github.com/hmcuesta/PDA_Book/tree/master/Chapter15。

15.4　小结

在本章中，我们简要介绍了数据处理架构。首先，我们探讨了如何对分布式文件系统进行交互；然后提供了安装 Cloudera VM 的操作说明，并介绍了如何开始创建一个数据环境，最后，我们描述了 Apache Spark 的主要特征，并执行了一个单词计数算法的具体样例。

　　Apache Spark 被数据社区高度推荐，因为它提供了一个稳健并快速的数据处理工具。它具备类 SQL 查询的语料库、图形处理和机器学习算法。